AF329767

LA FORMALDÉHYDE

ET SES APPLICATIONS

POUR LA DÉSINFECTION DES LOCAUX CONTAMINÉS

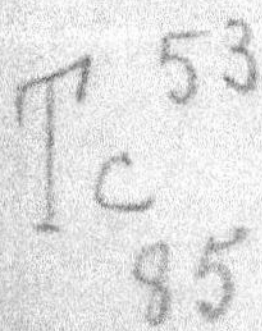

LA
FORMALDÉHYDE

ET SES APPLICATIONS

POUR LA DÉSINFECTION DES LOCAUX CONTAMINÉS

PROPRIÉTÉS PHYSIOLOGIQUES

ANALYSE DES PRINCIPAUX TRAVAUX

EXPÉRIENCES DIVERSES

PAR

A. TRILLAT

EXPERT CHIMISTE AU TRIBUNAL CIVIL DE LA SEINE

PARIS

GEORGES CARRÉ, ÉDITEUR

3, RUE RACINE

1896

PARIS. — TYPOGRAPHIE A. HENNUYER, RUE DARCET, 7.

LA
FORMALDÉHYDE

ET SES APPLICATIONS
POUR LA DÉSINFECTION DES LOCAUX CONTAMINÉS

PROPRIÉTÉS PHYSIOLOGIQUES

ANALYSE DES PRINCIPAUX TRAVAUX

EXPÉRIENCES DIVERSES

PAR

A. TRILLAT

EXPERT CHIMISTE AU TRIBUNAL CIVIL DE LA SEINE

PARIS

GEORGES CARRÉ, ÉDITEUR

3, RUE RACINE

1896

TABLE DES MATIÈRES

CHAPITRE IV.

CHAPITRE V.

CHAPITRE VI.

CHAPITRE VII.

CHAPITRE VIII.

PRÉFACE

L'intérêt général qu'ont soulevé les premières expériences sur les propriétés antiseptiques de la formaldéhyde m'a engagé à réunir dans cette petite brochure les principaux travaux qui ont été faits à ce sujet.

On y trouvera non seulement le résumé des travaux des auteurs qui se sont occupés de cette question et celui de mes expériences personnelles, mais aussi un petit aperçu sur quelques-unes des propriétés physiques et chimiques peu connues de la formaldéhyde. La connaissance de ces propriétés pourra être utile soit aux expérimentateurs qui voudraient étudier les propriétés antiseptiques de la formaldéhyde, soit aux chimistes qui voudraient aborder l'étude de ce corps au point de vue physiologique.

L'activité chimique de la formaldéhyde vis-à-vis presque toutes les séries chimiques ; ses remarquables propriétés vis-à-vis la substance albuminoïde que j'ai signalées tout au début de mes travaux ; la possibilité de sa formation sous l'influence de la radiation solaire, peuvent faire supposer que ce corps joue un rôle considérable dans la physiologie végétale.

C'est pour cette raison que je ne me suis pas borné à

décrire simplement les expériences sur ce pouvoir antiseptique ; j'ai cru bon de signaler certaines observations qui pourront être utiles plus tard pour l'étude de la formaldéhyde.

Mes expériences ont commencé en 1888 dans les laboratoires de l'Université de Munich ; elles ont été poursuivies ensuite au Collège de France, au laboratoire de Montsouris, à l'Institut Pasteur, au Val-de-Grâce, au bureau d'hygiène de Lyon et dans diverses facultés de province, soit seul, soit en collaboration ou sous la direction de maîtres éminents.

Je tiens tout spécialement à remercier M. Schützenberger, membre de l'Institut, professeur au Collège de France, et M. Adrian, ex-président de la Société de thérapeutique, pour l'intérêt qu'ils m'ont témoigné dans le courant de mes travaux.

Paris, avril 1896.

CHAPITRE PREMIER

Constitution chimique de la formaldéhyde. — Divers états sous lesquels elle se présente. — Formation, préparation de la formaldéhyde. — Composition de la solution commerciale. — Polymérisation. — Préparation de la formaldéhyde chimiquement pure. — Dosage. — Rôle de la formaldéhyde dans la physiologie végétale.

La formaldéhyde (synonyme : aldéhyde formique, aldéhyde méthylique, formol, formaline, methanal) est le premier terme de la série aldéhydique. Il répond à la formule :

$$CH^2O$$

C'est, parmi les dérivés oxygénés des hydrocarbures, celui dont le poids moléculaire est le plus faible. Il peut être considéré comme un dérivé d'oxydation du méthane. Si, en effet, nous considérons la formule du méthane et si nous l'oxydons, nous aurons successivement les phases suivantes :

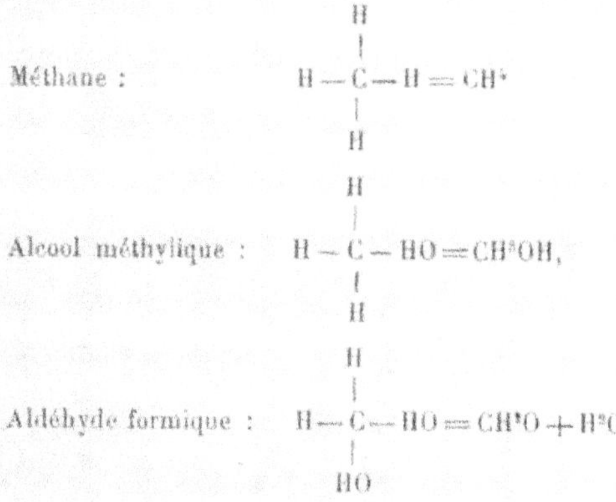

$$\text{Acide formique :} \quad H - \overset{\displaystyle OH}{\underset{\displaystyle OH}{\overset{|}{\underset{|}{C}}}} - OH = HCO^2H + H^2O$$

$$\text{Acide carbonique :} \quad OH - \overset{\displaystyle OH}{\underset{\displaystyle OH}{\overset{|}{\underset{|}{C}}}} - OH = CO^2 + 2H^2O$$

Le méthane oxydé donne d'abord de l'alcool méthylique (CH^3OH).

L'oxydation ménagée de cet alcool méthylique a pour résultat la transformation en aldéhyde formique (CH^2O). Vient-on à soumettre l'alcool méthylique ou l'aldéhyde formique à une oxydation violente, on obtiendra alors successivement l'acide formique :

$$H - CO^2H$$

ou bien l'acide carbonique :

$$CO^2$$

terme ultime de la transformation.

Il s'ensuit de ces considérations que l'aldéhyde formique peut être envisagé soit comme un produit intermédiaire d'oxydation entre l'alcool et l'acide formique, soit comme un produit de déshydrogénation de l'acide formique, ce qui est rendu plus sensible par l'équation suivante :

$$\underset{\text{Acide formique.}}{H - CO,OH} + H = \underset{\text{Formaldéhyde.}}{H - COH} + H^2O$$

États sous lesquels se présente la formaldéhyde.

L'aldéhyde formique est un corps gazeux à la température ordinaire (Kékulé), incolore, doué d'une odeur extrêmement irritante. A une température d'environ — 20 degrés, ce gaz se polymérise et donne la paraformaldéhyde composée de la réunion de deux molécules de formaldéhyde.

La paraformaldéhyde est un corps blanc, onctueux au toucher, soluble dans l'eau et dans l'alcool. Il est à supposer que sa solution constitue en partie la formaldéhyde du commerce, désignée aussi sous le nom de *formol* ou *formaline*. Nous reviendrons plus loin sur ce sujet.

Le trioxyméthylène est formé par la réunion de trois molécules d'aldéhyde formique : c'est une poudre blanche dégageant une forte odeur d'aldéhyde formique. Elle est peu soluble dans l'eau et dans l'alcool.

En résumé, la formaldéhyde se présenterait sous les trois états suivants :

$$
CH^2O \qquad
\begin{matrix} CH^2O \\ | \\ CH^2O \end{matrix} \qquad
\begin{matrix} CH^2O \\ | \\ CH^2O \\ | \\ CH^2O \end{matrix}
$$

Formaldéhyde gazeuse.   Paraformaldéhyde (formaldéhyde commerciale).   Trioxyméthylène.

Formation de l'aldéhyde formique.

Tous les ouvrages de chimie signalent une expérience qui consiste à mettre une spirale de platine, préalablement chauffée, en contact avec les vapeurs d'alcool méthylique contenues dans un verre à pied. On voit le platine se maintenir incandescent tant que l'alcool subsiste dans le verre à pied et fournit des vapeurs. Ce phénomène d'incandescence est dû à l'oxydation des vapeurs d'alcool méthylique qui, en présence de l'air, fournissent de l'aldéhyde méthylique :

$$CH^3OH + O = CH^2O + H^2O.$$

Cette réaction a été observée bien longtemps avant Hoffmann, auquel on attribue la découverte de ce corps. Mais on doit reconnaître que c'est lui qui, le premier, en s'appuyant sur l'observation du phénomène cité plus haut, parvint à en isoler une petite quantité.

Préparation de la formaldéhyde.

Le procédé d'Hoffmann (1) consiste à faire passer des vapeurs d'alcool méthylique à travers un tube de platine chauffé au rouge sombre.

M. Armand Gautier a indiqué cet autre procédé qui consiste à faire passer des vapeurs d'alcool méthylique dans un tube horizontal chauffé dans un bain de soufre fondu.

Tollens et Loew cherchèrent à modifier le procédé d'Hoffmann pour obtenir de plus grandes quantités de formaldéhyde. Une discussion intéressante s'engagea entre Loewe et Tollens sur la meilleure méthode pour préparer de petites quantités d'aldéhyde formique. Il ressort de la discussion de ces savants que les plus petits détails influent d'une manière extraordinaire sur la marche de l'appareil d'oxydation de l'alcool méthylique. En premier lieu, l'appareil consistait en un flacon contenant de l'alcool méthylique traversé par un courant d'air. Cet air, chargé de vapeurs d'alcool méthylique, traversait un tube de platine chauffé au rouge sombre, relié à des flacons convenablement refroidis. Les vapeurs se condensaient dans l'appareil et l'on obtenait ainsi à côté de l'alcool méthylique une petite quantité de formaldéhyde en dissolution (1).

Le tube en platine fut ensuite remplacé par un tube en verre contenant du platine (2). Loew remplaça le platine par du cuivre sous forme de cuivre métallique.

Ces modifications constituaient déjà un perfectionnement eu égard à la difficulté de l'obtention du produit final.

Tollens (3) fait cependant remarquer la difficulté de cette méthode.

A côté des rendements qui peuvent être nuls avec la

(1) *Berichte der deutschen chem. Gesellschaft*, XI, 1685.
(2) *Berichte der deutschen chem. Gesellschaft*, XIV, 1649.
(3) *Berichte der deutschen chem. Gesellschaft*, XIV, 2134.

moindre variation d'un des facteurs de la réaction, le procédé est susceptible de fournir des explosions. La cause de ces explosions est due au contact de l'air saturé d'alcool avec la toile de cuivre portée au rouge. L'explosion se produit surtout dans le récipient récepteur.

Tollens (*loc. cit.*), dans ses discussions avec Loew à propos des meilleures conditions de marche de l'appareil, indique sa méthode comme plus commode que celle proposée par ce dernier.

De l'ensemble des considérations publiées par Hoffmann, Tollens et Loew, on se rend compte qu'il semblait difficile d'obtenir en grand un produit que l'on avait tant de peine à obtenir en petit.

J'ai commencé à étudier un procédé pratique de préparation de formaldéhyde en 1887. J'ai cherché d'abord à remplacer le tube en verre de Bohème par un tube métallique. Le cuivre est le métal qui m'a semblé donner les meilleurs résultats. Les deux plus grands obstacles pour la production de l'aldéhyde formique en grand étaient le danger d'explosion et la difficulté de pouvoir oxyder beaucoup d'alcool à la fois.

Dans ce but, j'ai remplacé le courant d'air par un jet conique de vapeurs alcooliques. L'alcool méthylique chauffé sous pression s'échappe par un petit orifice et se trouve projeté contre la substance oxydante. Par cette simple disposition, on comprend sans peine que tout danger d'explosion est évité, puisqu'il y a solution de continuité entre le récipient d'alcool et le corps incandescent, et, ensuite, que la pulvérisation permet de soumettre à l'oxydation une quantité d'alcool beaucoup plus grande que l'entraînement par l'air.

En même temps, je constatais que plusieurs autres substances poreuses, telles que le charbon de cornue, le coke,

(1) *Berichte der deutscher chem. Gesellschaft*, XIX.

la juxtaposition de celui-ci avec du cuivre favorisaient beaucoup la marche de l'oxydation.

Voici, du reste, un résumé du procédé que j'ai décrit en 1889 (1).

L'appareil industriel repose sur le principe suivant :

Supposons un jet conique de vapeurs alcooliques s'échappant d'un orifice étroit. La proportion d'air mélangé à l'alcool augmente à mesure que la base du cône s'élargit, c'est-à-dire à mesure que la distance augmente depuis le sommet du cône.

Dans les différentes portions du jet, il se trouve une zone dans laquelle le mélange d'air et d'alcool se trouve dans les meilleures conditions d'oxydation, oxydation qui est provoquée par la présence d'un corps poreux porté au rouge. On comprendra facilement que les parties du jet alcoolique voisines du sommet du cône, qui ne contiennent que peu d'oxygène, ne donneraient qu'une oxydation imparfaite, tandis que les parties très éloignées, mais trop riches en oxygène, seraient presque complètement brûlées. Mais entre ces deux extrémités se trouve la partie la plus propice à l'oxydation ; l'opération revient à déterminer par tâtonnement la distance qui doit séparer l'orifice du jet de l'orifice du corps porté au rouge. L'alcool méthylique, chauffé sous pression, s'échappe de l'extrémité d'une lance horizontale ; le jet alcoolique s'engage dans un tube en cuivre rouge dont l'ouverture est conique, afin de faciliter l'entraînement mécanique de l'air. Après leur passage sur le corps oxydant, les vapeurs sont immédiatement condensées par divers procédés. On obtient un mélange d'eau, d'alcool méthylique, d'aldéhyde formique, ainsi que des traces d'acide acétique et formique ; on procède enfin à une purification rationnelle.

(1) Brevet français, 1889, n° 199919.
(2) Voir aussi dans *Friedlaender, Fortschritte der Theerfarbenfabrikation*, 1891, p. 553, la description du procédé.

Le procédé tel que je l'ai décrit a été considérablement modifié par la suite.

Nous verrons plus loin comment j'ai employé le principe sur lequel il repose pour la construction des appareils formogènes.

Composition de la formaldéhyde commerciale.

Quelle est maintenant la composition de la solution aqueuse de la formaldéhyde, telle qu'elle est livrée par le commerce, c'est-à-dire en solution plus ou moins concentrée?

Doit-on l'envisager comme la dissolution du corps CH^2O ou comme la dissolution d'un produit plus ou moins polymérisé? Doit-on la considérer comme la dissolution d'un hydrate d'un de ces produits?

D'après mon opinion, il n'est pas admissible que le formol du commerce soit une simple dissolution de la formaldéhyde répondant à la formule CH^2O. Kékulé a démontré que la formaldéhyde était un corps bouillant à — 21 degrés et se polymérisant déjà à — 20 degrés. La solution aqueuse de formol est donc formée plutôt par un dérivé polymérisé. Mais en admettant cette hypothèse, elle ne nous renseigne pas sur la nature et la composition du corps polymérisé. La formaldéhyde (CH^2O) est un corps extrêmement polymérisable; nous connaissons plusieurs de ses produits à polymérisation : un composé soluble dans l'eau; un autre composé insoluble, etc. Une polymérisation plus avancée produit le méthylénithane.

Dans les conditions actuelles de la science, il est donc difficile de prétendre que la solution du commerce soit uniquement formée de l'un de ces produits. Elle serait plutôt formée d'une réunion de plusieurs produits polymérisés solubles dans l'eau.

Il n'est pas non plus prouvé que l'on se trouve en présence

(1) *Chemiker Zeitung*, 1895.

d'un hydrate et que la formaldéhyde provienne de la décomposition du glycol méthylénique, comme certains auteurs l'ont avancé.

Dérivés polymérisés de la formaldéhyde.

Par évaporation ou par concentration d'une solution aqueuse de formaldéhyde, on obtient une masse blanche de consistance savonneuse qui contient environ 70 pour 100 de formaldéhyde et qui a été désigné sous le nom de paraformaldéhyde. Celle-ci se dissout dans l'eau bouillante; par le refroidissement, elle se dépose sous forme de flocons blancs. Le même phénomène se produit en remplaçant l'eau par l'alcool; cette propriété permet de purifier la paraformaldéhyde.

La paraformaldéhyde, chauffée ou desséchée sous une cloche en présence de l'acide sulfurique, devient moins soluble dans l'eau. La partie insoluble serait constituée par du trioxyméthylène.

D'après Lösekann, le trioxyméthylène $(CH^2O)^3$ serait plutôt l'hexaométhylène, produit plus avancé de polymérisation. Quant à la paraformaldéhyde, elle devrait être considérée comme l'hydrate de l'hexaoxyméthylène (1).

Le trioxyméthylène, dans certaines conditions, est susceptible des mêmes réactions que la formaldéhyde. J'ai étudié (2) l'action du trioxyméthylène sur les alcools. Sous l'influence du perchlorure de fer, le trioxyméthylène se décompose en aldéhyde, lequel réagit sur l'alcool avec élimination d'eau. Sa réaction générale peut être exprimée ainsi :

$$(CH^2O)^3 + 6ROH = 3 \left(CH^2 < {OR \atop OR} \right) + 3H^2O$$

Les éthers obtenus sont des liquides mobiles, peu solubles

(1) *Chemiker Zeitung*, 1893.
(2) Trillat et Cambier, *Bulletin de la Société de chimie*, 1894.

dans l'eau, et régénérant facilement, sous l'influence des acides, la formaldéhyde.

Préparation de la formaldéhyde chimiquement pure.

En chauffant une des modifications polymérisées de la formaldéhyde, on obtient ce corps à l'état gazeux, en ayant soin de partir d'une matière première soigneusement desséchée. Si l'on conduit le gaz dans un récipient fortement refroidi, par un mélange d'acide carbonique et d'éther, l'aldéhyde formique se condense sous forme d'un liquide clair, très mobile et qui bout à — 21 degrés. A — 20 degrés, son poids spécifique est de 0,8153. Quand la température reste inférieure à — 21 degrés, la formaldéhyde liquide peut être conservée assez longtemps à cet état; la moindre élévation de température suffit pour provoquer la polymérisation. Ainsi à — 20 degrés, elle se prend déjà lentement en une masse blanche. Si on l'abandonne à la température ordinaire, la polymérisation, chose curieuse, peut se produire avec explosion (Kékulé).

Propriétés chimiques.

La formaldéhyde a une très grande activité chimique. Elle donne des combinaisons avec un nombre considérable de corps. Généralement les réactions se passent avec élimination d'eau et fixation d'un résidu méthylénique : tantôt il se forme des produits définis et cristallisés, tantôt ce sont des produits amorphes d'une constitution difficile à définir. La formaldéhyde donne des composés d'addition, on peut le dire sans exagération, avec une quantité innombrable de produits. Je ne relaterai ici que les propriétés chimiques de la formaldéhyde pouvant intéresser le sujet de ce travail.

Action de la formaldéhyde sur l'ammoniaque. — La formaldéhyde se combine avec l'ammoniaque avec une grande facilité, pour former un produit généralement désigné sous le nom d'hexaméthylènetétramine. C'est un corps blanc, cristallisé en lamelles hexagonales, extrêmement solubles dans l'eau, insoluble dans l'alcool et l'éther. Il se formerait d'après l'équation :

$$6CH^2O + 4AzH^3 = (CH^2)^6Az^4 + 6H^2O.$$

La constitution de l'hexaméthylènetétramine a fait l'objet de plusieurs travaux ; malgré cela, elle reste enveloppée d'obscurité. Je me bornerai à signaler ici que, dans un mémoire présenté à la Société de chimie, j'avais proposé la formule simplifiée (1) :

$$(CH^2)^6Az^4 = CH^2 < {Az : CH^3 \atop Az : CH^3}$$

Cette formule avait été également adoptée par Henry (2).

De même que l'ammoniaque, l'hydrazine donne avec la formaldéhyde une combinaison facile à obtenir. Dans une dissolution d'hydrazine, on fait couler de l'aldéhyde formique à 40 pour 100, jusqu'à réaction alcaline. En refroidissant, il se forme une masse blanche, crayeuse, qui après lavage et dessiccation à 80 degrés devient cassante et facile à pulvériser. D'après Pulvermacher, la réaction se passerait d'après la formule :

$$2CH^2O + H^2Az.AzH^2 = C^2H^4Az^2 + 2H^2O.$$

Cette combinaison serait la formalazine ou diméthylène-phénylhydrazine (3).

Préparation des amines de la série grasse au moyen de la formaldéhyde. — Dans un article que je publiai en 1894 en collaboration avec M. Fayollat (4), j'ai indiqué une méthode

(1) *Bulletin de la Société chimique*, 1891.
(2) Louis Henry, *Bulletin de l'Académie royale*, Belgique, 1893.
(3) *Berichte der deutschen chem. Gesellschaft*, 1893, 26.
(4) Trillat et Fayollat, *Bulletin de la Société chimique de Paris*, 1894, p. 22.

industrielle pour la préparation des amines de la série grasse. Cette méthode repose sur l'hydrogénation de l'hexaméthylènetétramine en présence de l'acide chlorhydrique, ou ce qui revient au même, d'un mélange d'aldéhyde formique et de chlorhydrate d'ammoniaque. Selon les conditions de la réaction, on obtient des mélanges d'amines plus ou moins riches en mono- di- ou triméthylamine. Plöschl (1) avait déjà signalé l'action de l'aldéhyde formique sur le chlorhydrate d'ammoniaque par la production des amines de la série grasse. J'ai indiqué (2) une expérience pouvant être facilement exécutée au cours et démontrant la rapidité avec laquelle on peut obtenir des amines grasses lorsqu'on soumet à une réduction énergique un mélange d'aldéhyde formique et d'ammoniaque.

L'action de la formaldéhyde sur l'ammoniaque et la formation des méthylamines méritent d'être signalés ici. En effet, la facilité avec laquelle les vapeurs de l'ammoniaque et des ammoniaques composées se combinent avec celles de la formaldéhyde explique les propriétés extrêmement désodorantes de ce corps. Quant à la transformation du dérivé ammoniacal en méthylamines, elle pourrait peut-être donner l'explication de la formation des méthylamines dans les vinasses de betteraves (3).

<hr>

(1) *Berichte der deutschen chem. Gesellschaft*, 1888, 2118.

(2) Trillat, *Bulletin de la Société chimique de Paris*, 1895, p. 690.

(3) Il suffit, en effet, pour obtenir la formation des méthylamines à la longue, que la formaldéhyde se trouve en contact avec des sels ammoniacaux; or, dans les vinasses de betteraves, il est possible que l'aldéhyde se trouve combinée avec des radicaux alcooliques à l'état de méthylal. Les méthylals se décomposant facilement en aldéhyde formique, cette dernière s'unirait à l'ammoniaque pour donner le dérivé ammoniacal qui, sous différentes conditions, s'hydrogéniserait et formerait des amines. (Conférence faite à la Société des chimistes de sucrerie, 1895.)

Dosage de la formaldéhyde.

Analyses qualitative et quantitative de la formaldéhyde. — Depuis que la formaldéhyde a reçu des applications soit comme matière première pour certaines couleurs, soit comme agent antiseptique, on peut avoir intérêt à connaître des méthodes permettant de déceler la présence de ce corps et de le doser dans ses solutions. J'ai cherché des méthodes pouvant répondre à ce double but. Les procédés analytiques peuvent se résumer ainsi qu'il suit.

Analyses qualitative et quantitative de la formaldéhyde (1).

RECHERCHE QUALITATIVE. — Lorsque l'on oxyde le tétraméthyldiamidodiphénylméthane :

$$CH^2 \begin{cases} C^6H^4Az(CH^3)^2 \\ C^6H^4Az(CH^3)^2 \end{cases}$$

par le bioxyde de plomb et l'acide acétique, il se manifeste une coloration bleue intense résultant de la formation de l'hydrol correspondant. J'ai utilisé cette réaction pour reconnaître, dans une solution, la présence de la formaldéhyde à l'état libre ou, dans certains cas, à l'état de combinaison. On verse un demi-centimètre cube de diméthylaniline dans la dissolution à essayer et on l'agite vivement après l'avoir acidulée par quelques gouttes d'acide sulfurique. La combinaison entre la diméthylaniline et la formaldéhyde s'effectue facilement en chauffant le liquide pendant une demi-heure au bain-marie. Après l'avoir rendu alcalin par la soude on le porte à l'ébullition jusqu'à ce que l'odeur de la diméthylaniline ait complètement disparu, puis on le passe à travers un petit filtre en papier. Après lavage, on étale le filtre au fond d'une petite

(1) Comptes rendus de l'Académie des sciences, 24 avril 1893.

capsule en porcelaine, on l'humecte par de l'acide acétique et l'on y projette une très petite quantité de bioxyde de plomb finement pulvérisé. La coloration bleue de l'hydrol sera l'indice de la présence de l'aldéhyde formique (1).

Deuxième méthode. — J'ai reconnu que la formation de l'anhydroformaldéhydaniline $(C^6H^5 Az : CH^2)$ s'effectuait très facilement lorsqu'on faisait agir la formaldéhyde sur l'aniline, non pas en présence des acides comme l'indiquent certains auteurs, mais simplement en solution aqueuse étendue. Cette solution aqueuse d'aniline est obtenue en dissolvant 3 grammes d'aniline dans 1 litre d'eau distillée. Dans un tube à essai, on mélange 20 centimètres cubes de cette solution avec 20 centimètres cubes du liquide à essayer et neutralisé. En présence de l'aldéhyde formique, il se forme après plusieurs heures un nuage blanc très léger. Cette réaction est très sensible; elle permet de reconnaître la formaldéhyde dans une dissolution au 1/20000. Dans ce cas, le trouble n'apparaît qu'après plusieurs jours. Cette réaction est commune à l'aldéhyde acétique.

Recherche de la formaldéhyde dans les substances alimentaires. — Les produits liquides, après avoir été décolorés et filtrés, seront soumis à l'une des méthodes précédentes. Les produits solides seront traités à l'eau chaude afin de dissoudre le trioxyméthylène pouvant provenir de la polymérisation de la formaldéhyde. L'examen microscopique des viandes pourra donner d'utiles indications.

La recherche de la formaldéhyde dans les substances alimentaires est souvent impossible à effectuer parce qu'elle forme avec certains principes organiques des combinaisons dont on ne peut la séparer.

(1) Il est nécessaire de se servir d'une diméthylaniline fraîchement distillée.

Analyse quantitative. — *Première méthode.* — On a indiqué une méthode pour doser la formaldéhyde consistant à déterminer la quantité d'ammoniaque nécessaire pour la transformer en hexaméthylène-amine. Dans cette méthode on ajoute à une solution de formaldéhyde, une quantité connue d'ammoniaque et l'on en titre l'excès par l'acide sulfurique. Ce procédé de dosage est défectueux, d'abord parce que les solutions de formol du commerce ont toujours un certain degré d'acidité et ensuite parce que l'hexaméthylène-amine a une réaction alcaline dont la méthode ne tient pas compte. Pour éviter en partie ces causes d'erreur, je procède de la manière suivante :

On dose préalablement l'acidité d'une quantité connue de la solution au moyen de la soude normale, en se servant de la phtaléine du phénol comme indicateur.

Dans un ballon, on mesure 10 centimètres cubes de la solution à titrer, on étend à l'eau et l'on ajoute une quantité déterminée d'une solution titrée d'ammoniaque jusqu'à ce que l'odeur soit franchement ammoniacale. Le contenu du ballon est ensuite soumis à un courant de vapeur d'eau afin d'enlever l'excès d'ammoniaque que l'on recueille dans l'eau et que l'on dose au moyen d'une solution titrée d'acide sulfurique. On aura la quantité d'ammoniaque combinée en retranchant de la quantité totale ajoutée celle qui se trouve en excès dans la partie distillée, et en tenant compte de l'acidité primitive de la solution. L'équation suivante permet de calculer le rapport dans lequel se fait la combinaison :

$$6CH^2O + 4AzH^3 = (CH^2)^6 Az^4 + 6H^2O.$$

Dans ce procédé, une petite partie de l'hexaméthylène-amine se trouve entraînée par la distillation.

Seconde méthode. — Dans une dissolution de 3 grammes d'aniline dans 1 litre d'eau on laisse tomber goutte à goutte, sous bonne agitation, de 1 centimètre cube à 4 centimètres cubes de la solution à titrer, selon sa concentration présumée. Il se forme un nuage blanc qui, après plusieurs agitations, finit par se déposer complètement. Après quarante-huit heures, on filtre le liquide sur un papier taré et l'on s'assure que les eaux filtrées contiennent un excès d'aniline; on sèche à 40 degrés et l'on détermine le poids du précipité. La quantité de formaldéhyde correspondante sera donnée par l'équation

$$C^6H^5AzH^2 + CH^2O = C^6H^5Az : CH^2 + H^2O.$$

En opérant dans ces conditions, on obtient des résultats rigoureusement comparables, et qui se rapprochent assez de la formule pour conduire à une approximation généralement satisfaisante.

Dosage d'après la méthode de M. Pottevin. — A la solution d'aldéhyde à titrer, on ajoute une quantité d'ammoniaque connue, telle qu'il en reste après combinaison un excès notable ; on abandonne le mélange à la température ordinaire pendant vingt-quatre heures ; la réaction étant alors terminée, on dose, à l'aide de la phénol-phtaléine, l'ammoniaque restée libre ; quand, par addition d'acide sulfurique, la coloration rouge a disparu, on ajoute du méthylorange, et l'on continue à verser de l'acide jusqu'à ce que la teinte passe au rouge franc : on évalue ainsi l'alcalinité totale du liquide.

L'auteur s'est assuré que lorsqu'on sature par un acide un mélange d'ammoniaque et d'hexaméthylénamine :

1° C'est l'ammoniaque qui est saturée la première ;

2° Le dosage de l'alcalinité totale n'est pas influencé par la présence du sel ammoniacal résultant de cette saturation.

Quand on sature l'ammoniaque en présence de la phénol-phtaléine, la décoloration est graduelle, et il est difficile de fixer le moment précis où elle devient complète ; mais si on s'arrête quand le liquide conserve encore une teinte légèrement rosée, on est sûr que l'approximation est par défaut. D'un autre côté, la limite exacte de saturation de l'aldéhydate est difficile à préciser avec le méthylorange, mais on est sûr d'avoir une évaluation par excès si l'on va jusqu'au rouge franc.

On peut ainsi évaluer par défaut l'ammoniaque non combinée, et par excès la quantité totale d'alcali présente dans la liqueur (ammoniaque et aldéhydate) ; de ces deux données on tire facilement deux valeurs de la quantité d'aldéhyde soumise à l'essai ; elles sont approchées la première par excès, la seconde par défaut.

Soit A le volume de la solution titrée d'acide nécessaire pour saturer l'ammoniaque employée, diminué de celui qui correspond à l'acidité propre de la solution soumise à l'essai ;

b Le volume qui produit le virage à la phtaléine ;

c Le volume qui produit le virage au méthylorange ;

p Le poids d'ammoniaque saturé par l'unité du volume d'acide ;

P Le poids d'aldéhyde essayé ;

On aura :

$$P = p(A - b) \times \frac{45}{17}$$

$$P = p(A - c) \times \frac{60}{17}.$$

Rôle de la formaldéhyde dans la physiologie végétale [1].

L'aldéhyde formique existe-t-elle dans les plantes? Quel est son rôle dans les phénomènes de synthèse végétale?

M. Reinke prétend avoir obtenu de la formaldéhyde par distillation du suc des parties vertes des végétaux, préala-

[1] Voir plus loin l'action de la formaldéhyde sur les albuminoïdes.

blement neutralisé avec du carbonate de sodium ; de plus, fait remarquable, les plantes à chlorophylle seraient seules capables de fournir, dans ces conditions, des produits aldéhydiques.

MM. Loew et Bokorny, en examinant au microscope des cellules végétales vivantes, plongées dans une solution alcaline de nitrate d'argent étendue au cent millième, ont observé dans un nombre considérable d'expériences, une réduction énergique due à l'action vitale des cellules. Cette action réductive ne se produit plus lorsque la vie de la cellule a été détruite par un procédé quelconque, élévation de température de 50 degrés, action de l'éther, immersion dans des solutions métalliques, etc. Une partie d'un végétal ayant séjourné quelque temps dans une solution à 1 pour 100 de sulfate de cuivre ne produit plus aucune réduction de la solution d'argent, tandis qu'une autre partie du même végétal, n'ayant pas subi cette immersion, est rapidement noircie. Cette réaction s'effectuerait en présence de toute cellule végétale et ne dépendrait, en aucune façon, de la présence de la chlorophylle.

Ces résultats sont en contradiction avec le travail de M. Reinke qui, dans aucun cas, n'est parvenu à obtenir de liquide réducteur en distillant des plantes privées de chlorophylle.

MM. Loew et Bokorny attribuent cette réduction à un état actif des matières albuminoïdes du protoplasma : elle ne serait aucunement subordonnée à la présence de la chlorophylle et la formation d'aldéhydes volatiles, distillant avec la vapeur d'eau et résistant à l'action des divers agents destructeurs, serait une propriété exclusive des organismes contenant de la chlorophylle. De plus, dans les distillations, on obtiendrait souvent de l'aldéhyde salicylique ou d'autres aldéhydes aromatiques.

Cependant les cellules de diverses plantes conservent,

après immersion dans une dissolution d'un sel de quinoléine ou de strychnine, agents éminemment destructeurs de la vie, la propriété de réduire la liqueur d'argent; et dans ces cas, les matières albuminoïdes seraient par conséquent restées à l'état actif.

La formation des matières résineuses peut fort bien s'interpréter en partant des aldéhydes et par déshydratation profonde de ces corps. Il est connu que les résines formées par les aldéhydes réagissent en présence des alcalis, sensiblement comme les résines naturelles. M. A. Gautier a fait voir que, par une déshydratation profonde, le glucose peut donner naissance à des corps tels que la phloroglucine, et il a encore vérifié que le sucre, chauffé à 200 degrés, se déshydrate et fournit un corps voisin de l'acide pyrogallique avec un peu de pyrocatéchine.

M. Prunier a montré, dans le même ordre de faits, que la quercite donne naissance à l'hydroquinone par simple déshydratation.

Des phénomènes de condensation et de déshydratation constitueraient ainsi le mécanisme principal de la formation des substances ternaires avec excès de carbone, non seulement dans la série grasse, mais encore dans la série aromatique : la classe des glucosides naturels réalise d'ailleurs, à cet égard, la plus parfaite des transitions.

Les nombreuses métamorphoses que la formaldéhyde et ses dérivés sont capables d'éprouver sous l'influence des divers agents, permettent de penser que cette aldéhyde et ses polymères doivent encore jouer un rôle des plus actifs dans les phénomènes de synthèse des composés azotés eux-mêmes, notamment des amides et des amines. Malheureusement, les difficultés inhérentes aux recherches de cette nature font que ces questions sont à peine ébauchées et que l'on ne peut faire que des hypothèses.

Boutlerow avait découvert que l'aldéhyde formique, sous

l'influence des alcalis, pouvait donner une matière sucrée. Bayer (1) fit l'hypothèse que l'aldéhyde formique était le premier terme de la réduction de l'acide carbonique dans les plantes, ensuite qu'il formait des hydrates de carbone sous diverses influences.

« Si l'aldéhyde formique peut remplacer l'acide carbonique dans la nutrition des plantes tout en donnant le même produit d'assimilation, l'amidon, il est évident, fait remarquer M. Bach (2), qu'il doit exister un rapport générique entre ces deux composés, et que l'aldéhyde formique — qu'il résulte de l'hydratation du carbone mis en liberté ou de l'hydrogénation de l'oxyde de carbone — est le premier terme de la synthèse des hydrates de carbone. »

Mais si l'hypothèse de M. Bayer se trouve ainsi à l'abri de toute critique en ce qui concerne le principe général de l'assimilation de l'acide carbonique, l'interprétation qu'elle donne du mécanisme chimique de ce phénomène est tout à fait insuffisante.

A la suite de diverses considérations, M. Bach (3) arrive à formuler ainsi son hypothèse :

Les expériences de M. Loew ont démontré que sous l'influence de la radiation solaire, l'acide sulfureux se transforme en acide sulfurique avec mise en liberté de soufre et élimination d'eau :

$$3SO^3H^2 = 2SO^4H^2 + S + H^2O.$$

Comme c'est également sous l'action de la radiation solaire que se produit la décomposition de l'acide carbonique dans les plantes, et comme cet acide prend part au phénomène d'assimilation sous forme d'hydrate (CO^3H^2) analogue

(1) *Berichte der deutschen chem. Gesellschaft*, t. III, p. 63.
(2) Bach, *Moniteur scientifique*, 1893, p. 870.
(3) *Loc. cit.*

dans sa composition chimique à l'acide sulfureux (SO^3H^2), on pourrait admettre que la décomposition de l'hydrate CO^2H^2 suit le même cours que celle de l'hydrate SO^3H^2 (1).

(1) La solution d'aldéhyde formique chauffée en présence de la soude ou d'un alcali donne de l'acide carbonique et de l'acide formique. M. Delepine a trouvé que le trioxyméthylène chauffé avec de l'eau, sous pression, se transformait en acide carbonique, en alcool méthylique et en acide formique. D'après cet auteur, ce fait pourrait servir à expliquer la présence de l'alcool méthylique et de la formaldéhyde dans les végétaux. Faisons remarquer à ce sujet que la présence de la formaldéhyde n'a pas encore pu être nettement déterminée dans les plantes.

CHAPITRE II

J'avais observé, en 1888, un fait assez important : l'urine additionnée d'une très faible quantité de formaldéhyde ne se décomposait plus et pouvait se conserver indéfiniment sans phénomène de fermentation. Après avoir étudié un procédé de préparation en grand de l'aldéhyde formique, dont la description a été relatée ci-dessus, je commençai l'étude antiseptique de ce produit. Les résultats en furent publiés en 1891. Aucun auteur n'avait encore, à ce moment, fait entrevoir l'intérêt de la formaldéhyde au point de vue de la thérapeutique et la possibilité de l'appliquer dans le domaine de l'hygiène. Le procédé d'application que je décrivis et dont on lira plus loin les principales lignes, avait spécialement pour objet la conservation des matières organiques, ainsi que l'application de la formaldéhyde sous les trois états solide, liquide et gazeux, comme antiseptique, et son emploi pour la désinfection. Ce procédé fut suivi d'un travail, publié à l'Académie des sciences, en 1892, sur les propriétés antiseptiques de la formaldéhyde, puis d'un autre travail fait en collaboration avec M. le docteur Fernand Berlioz, sur les propriétés antiseptiques des vapeurs de formaldéhyde. Ces trois publications ont établi nettement les multiples applications dont était susceptible la formaldéhyde.

L'intérêt fut vivement excité à la suite des résultats publiés. Les principaux travaux qui suivirent comme ceux de Stahl, d'Aronson, de Blum, de Schmidt, de Liebreich, de Pohl, etc., ne firent que confirmer les premiers.

Dans une étude sur l'action physiologique de la formaldéhyde, Loew (1) avait fait observer que la formaldéhyde jouit de propriétés toxiques vis-à-vis des plantes et certains organismes. Comme on peut s'en rendre compte par la lecture de ce travail, il n'est nullement question de l'action antiseptique de la formaldéhyde vis-à-vis des germes pathogènes : aucune expérience comparative, aucun calcul de toxicité, rien enfin de ce qui constitue les bases d'un travail rendant possible l'hypothèse de l'intérêt de la formaldéhyde au point de vue thérapeutique ne ressort de ces expériences. C'est donc à tort que certains auteurs attribuent à Loew la découverte des propriétés antiseptiques de la formaldéhyde. Dans une étude comparative sur l'action des vapeurs de chloroforme, d'éther et de formaldéhyde, Buchner et Segall ont constaté que ces vapeurs pouvaient, comme celles de chloroforme, s'opposer au développement des cultures sur des plaques de gélatine exposées à son action.

De cette observation comme de celle de Loew, rien ne faisait encore présumer l'emploi de la formaldéhyde dans le domaine de la thérapeutique et de l'hygiène.

Application de la formaldéhyde pour la conservation des produits organiques et pour la désinfection (2).

Voici les principaux passages du procédé d'application de la formaldéhyde que je décrivis en 1891 et ayant trait spé-

(1) *Münchner medic. Woechenschrift* 1888.
(2) Brev., 9 octobre 1891.

cialement à son emploi pour la conservation des produits organiques :

« La formaldéhyde, telle qu'elle est obtenue par mon procédé industriel déjà décrit, possède un pouvoir antiseptique de beaucoup supérieur à tous les antiseptiques organiques non toxiques.

« On peut l'employer pour conserver tous les produits organiques, tels que les viandes, le bouillon gras, les poissons, les déchets animaux, les cadavres, le sang, l'albumine, le jaune d'œuf, le beurre, le lait, les liquides fermentescibles, les fruits, les plantes et les fleurs.

« Les végétations et moisissures sont arrêtées à des doses infinitésimales de formaldéhyde : aucune espèce de bactérie ne résistant à son action, on peut généraliser son emploi pour tous produits organiques subissant une transformation quelconque due aux germes.

« Cette généralisation est facilitée par le bas prix de l'aldéhyde formique, par la simplicité et la rapidité de son emploi. La formaldéhyde n'est pas toxique : elle n'altère en rien les propriétés physiques des produits soumis à son action.

Mode d'emploi. — « On peut employer le formol sous les trois états (3 molécules de formaldéhyde donnent le trioxyméthylène qui peut être placé dans de telles conditions qu'il régénère lentement le formol).

« Dans ces conditions exceptionnelles, le mode d'emploi de la formaldéhyde est très varié.

« Je signale les plus simples :

« 1° On immerge pendant quelques secondes les produits organiques dans une solution de formol au $\dfrac{1}{2\,000}$ ou au $\dfrac{1}{25\,000}$, selon la nature des produits et la durée du temps pendant lequel on se propose de les conserver, ou on les mélange intimement avec une fraction infinitésimale de « formol » à l'état liquide ou solide selon le but ;

« 2° On expose les produits à l'air imprégné de très faibles proportions de vapeurs de formol.

« Cette opération se fait :

« *a*) Soit à l'air libre,

« *b*) Soit sous pression.

« On emploie, par exemple, la pression lorsqu'on veut rendre la viande imputrescible, quoique l'on puisse arriver à ce résultat par la méthode 4. »

Relativement à l'emploi de la désinfection, je m'exprime ainsi :

« Il suffit d'en pulvériser de faibles traces pour désinfecter un local. »

La conservation des produits organiques par l'aldéhyde formique avait comporté une série d'expériences sur des produits de tous genres. Je ne me suis pas borné à expérimenter l'action de la formaldéhyde sur les tissus animaux, mais j'essayais de soumettre à son action toute une série de corps dont la dénomination est exprimée. Le détail d'une partie de ces expériences a été publié plus tard en 1892 (1).

Les essais de désinfection eurent lieu sous une cloche et dans une grande armoire. Ils ont consisté à stériliser des germes de décomposition au moyen d'un petit appareil pulvérisateur à production de vapeurs de formol qui n'était autre que la réduction de l'appareil en grand et fonctionnant au moyen de l'alcool méthylique.

(1) *Moniteur scientifique*, 1892. Voir chapitre III, page 46.

Sur les propriétés antiseptiques de la formaldéhyde (1).

« Une des plus remarquables propriétés de l'aldéhyde formique est son pouvoir antiseptique. En 1888, j'avais déjà remarqué que l'urine additionnée de formaldéhyde devenait imputrescible : une étude plus récente vient de me prouver que cette propriété est d'autant plus remarquable que la puissance antiseptique du produit s'est presque constamment montrée supérieure à celle du bichlorure de mercure, abstraction faite de la rapidité d'action qui n'a pas encore été déterminée exactement.

Action sur les bacilles de la décomposition. — « J'ai d'abord calculé la dose de formaldéhyde capable de s'opposer à la putréfaction d'un litre de bouillon : ces essais ont été faits comparativement avec le bichlorure de mercure sur des jus de viandes crues de bœuf et de veau. Chaque série contenait 10 centimètres cubes de bouillon et des doses de formaldéhyde ou de sublimé variant de 1/1 000 à 1/50000 ; les essais furent placés dans des étuves à la température constante de 30 degrés. A la dose de 1/50000, l'action de la formaldéhyde est déjà très sensible sur le ralentissement de la décomposition ; à la dose de 1/25000, les bouillons n'avaient subi aucune altération après quatre jours. Les bouillons additionnés de pareilles proportions de bichlorure de mercure se sont décomposés après vingt-quatre heures. En augmentant la proportion d'aldéhyde formique, j'ai constaté qu'à la dose de 1/12000 les bouillons étaient encore intacts après plusieurs semaines ; les bouillons contenant 1/6000 de bichlorure de mercure se sont décomposés après cinq ou six jours.

Action sur le Bacillus anthracis. — « Les bouillons ense-

<hr>

(1) Communication à l'Académie des sciences de Paris, séance du 30 mai 1892.

— 96 —

mencés avec le *Bacillus anthracis* sont infertilisés à la dose
de 1/25000.

Action sur les bacilles salivaires. — « L'action n'est pas
moins remarquable sur les bacilles salivaires. Des séries de
flacons contenant 10 centimètres cubes de bouillon stérilisé
ont reçu des doses variables d'aldéhyde formique après avoir
été ensemencés par 10 gouttes de salive humaine. Les flacons
témoins se sont troublés après vingt-quatre heures : le ralentissement de l'évolution microbienne était déjà sensible à la
dose de 1/50000 d'aldéhyde formique, et après quinze jours
aucun trouble ne s'était manifesté dans les bouillons contenant 1/30000 du produit expérimenté. Quant au pouvoir microbicide, j'ai constaté que la solution au 1/1000 suffit pour
tuer les microbes salivaires en moins de deux heures.

Action de la formaldéhyde sur les bacilles des eaux d'égout.
— « J'ai étudié l'action de la formaldéhyde sur les bactéries
des eaux d'égout. J'ai opéré sur une eau d'égout qui contenait par centimètre cube environ 1800000 bactéries. Les cultures ont été faites sur gélatine additionnée de peptone. La
dose de 1/20000 d'aldéhyde formique est déjà, à coup sûr,
suffisante pour stériliser les champs de culture. Le pouvoir
microbicide est très marqué : à la dose de 1/1000, la solution
d'aldéhyde formique a tué les germes après une action de
quelques heures (1).

« D'autre part, M. le docteur F. Berlioz m'a communiqué
les résultats suivants concernant les doses infertilisantes
pour différentes bactéries et la toxicité :

	Dose	
	infertilisante pour 1000.	non infertilisante pour 1000.
Culture de pertes blanches..........	0gr,030	0gr,020
Bacterium coli commune...........	0 ,030	0 ,020
Bacille d'Eberth...................	0 ,030	0 ,040

(1) Cet essai a été fait au laboratoire de Montsouris.

Toxicité. — « En injection sous-cutanée chez le cobaye, les doses de 53 et 66 centigrammes par kilogramme ne sont pas mortelles ; la dose de 80 centigrammes l'est assez rapidement. En injection intraveineuse, la dose de 38 centigrammes par kilogramme est sans action chez le lapin. Les cobayes auxquels on a injecté de la formaldéhyde émettent une urine imputrescible.

« L'action antifermentescible de la formaldéhyde n'est pas moins remarquable ; elle fera l'objet d'une communication ultérieure. Je me bornerai à signaler qu'elle s'exerce d'une manière très remarquable sur le lait et avec des doses de formaldéhyde extraordinairement faibles.

Action sur le vin. — « Le vin additionné de 1/4000 de formaldéhyde ne s'aigrit plus, mais il est complètement décoloré. Les matières extractives et colorantes naturelles sont précipitées, après plusieurs jours, à froid, et, après quelques heures, à chaud. Les matières colorantes dérivées de la houille ne sont généralement pas précipitées, mais transformées en d'autres matières colorantes. J'ai indiqué la possibilité de fonder une méthode pour le dosage des vins en se basant sur cette propriété (pli déposé à l'Académie, séance du 17 août 1891).

Action du formol en solution sur les tissus organiques et l'albumine. — « L'aldéhyde formique a la propriété d'être rapidement absorbée de ses solutions lorsqu'on y plonge des fragments de peaux fraîches. Le tissu se gonfle et semble former une véritable combinaison analogue au cuir. Les viandes, de quelque nature qu'elles soient, se conservent indéfiniment lorsqu'elles ont été plongées dans des solutions de formaldéhyde. C'est ainsi que la solution au 1/500 a déjà une action très rapide ; il suffit d'immerger les parties animales seulement quelques secondes pour retarder de plusieurs jours la décomposition.

« L'aldéhyde formique coagule l'albumine, avec laquelle elle donne une masse transparente et d'aspect gélatineux ; le sang est également coagulé. »

Action antiseptique des vapeurs de formol (1).

Action des vapeurs de formol sur les tissus. — « Dans un tube allongé, nous plaçons des déchets de viande fraîche, et nous le faisons traverser par un courant d'air ayant barboté dans une solution de formol à 5 pour 100. Ce courant d'air est recueilli à l'autre extrémité du tube dans un récipient contenant soit une solution ammoniacale de nitrate d'argent, soit de l'eau d'aniline. (Ce dernier réactif est très sensible pour indiquer la présence du formol.) On fait passer le courant d'air pendant dix minutes dans le tube, et l'on constate que les réactifs ne donnent aucun trouble ni précipité caractérisant la présence de l'aldéhyde formique. »

Une autre expérience consiste à suspendre des morceaux de viande dans un flacon contenant une solution de formol : les vapeurs sont rapidement absorbées.

ACTION INFERTILISANTE DES VAPEURS DE FORMOL. — L'action antiseptique des vapeurs de formol est démontrée par les expériences suivantes :

Bacilles de la décomposition. — « Sous une cloche d'une contenance de 10 litres, nous avons placé divers bouillons stérilisés et ensemencés par les microbes du jus de viande en décomposition ; sous cette cloche, nous avions disposé un petit récipient contenant 5 centimètres cubes de solution de formol à 10 pour 100. Les faibles vapeurs qui se dégageaient de cette solution ont suffi pour empêcher le développement des bactéries.

(1) F. Berlioz et Trillat, communication faite à l'Académie des sciences de Paris, séance du 1er août 1892.

Bacillus anthracis. — « Nous avons obtenu les mêmes résultats en ensemençant les bouillons avec les bacilles des eaux d'égout et le *Bacillus anthracis.*

Bacille d'Eberth. — « Des bouillons ensemencés de bacille d'Eberth et de coli-bacille, placés à l'étuve sous une cloche renfermant une solution de formol à 40 pour 100, restent clairs.

Action sur l'Aspergillus et les Penicillium. — « On peut observer la même action avec les organismes inférieurs : le liquide Raulin, en présence de faibles vapeurs de formol, devient rebelle aux cultures de l'*Aspergillus niger* et des *penicillium.* »

Action antifermentescible. — L'action antifermentescible se manifeste d'une manière remarquable : nous avions déjà signalé cette action sur le lait.
« Des échantillons de moût de bière, abandonnés aux ferments lactique et butyrique, séparément ou simultanément, sous une cloche contenant 10 centilitres d'une solution de formol à 10 pour 100, ne subissent aucune altération après quatre ou cinq jours : l'acidité totale des échantillons de moût est restée sensiblement la même. »

Action microbicide. — Un flacon de bouillon peuplé de bacilles d'Eberth est placé sous une cloche renfermant une solution de formol à 40 pour 100. Au bout d'une demi-heure, une parcelle de culture est prélevée avec l'anse de platine et transportée dans du bouillon nutritif. Ce bouillon est resté infertile.

Bacille d'Eberth et charbon sporulé. — « Nous avons employé un autre dispositif, pour mettre plus en évidence l'action microbicide. Des morceaux de toile de 1 centimètre carré sont imbibés de culture de bacille d'Eberth et de bactéridie charbonneuse sporulée. On les suspend dans un flacon dans lequel on fait arriver un courant d'air qui a traversé une solution de formol à 5 pour 100. Toutes les cinq minutes, on retire un morceau de toile et on le transporte dans un bouillon placé à l'étuve.

« La bactéridie charbonneuse est tuée après vingt minutes, le bacille d'Eberth après vingt-cinq minutes d'exposition à ce courant d'air.

« Si le courant d'air traverse une solution de formol à 2 gr. 50 pour 100, le bacille d'Eberth n'est pas tué au bout d'une heure.

« Si l'on remplace la solution de formol par une solution d'essence de canelle de Ceylan, ou de créosote à 5 pour 100, le bacille d'Eberth n'est pas tué après une heure d'exposition. Les vapeurs de formol sont donc bien plus énergiques que l'essence de canelle et la créosote, qui sont réputées comme très antiseptiques.

« Nous avons expérimenté, dans les mêmes conditions, sur un morceau de toile imprégné de culture d'Eberth, puis desséché. Après dix minutes d'exposition au courant d'air traversant la solution de formol à 5 pour 100, le morceau de toile a été ensemencé dans du bouillon. Ce bouillon est resté clair. Un morceau de toile témoin a donné le lendemain une abondante culture.

« Enfin, on peut stériliser le pharynx et les amygdales en respirant, pendant une demi-heure, le courant d'air barbotant dans la solution de formol à 5 pour 100.

« Ces expériences, et surtout la dernière, démontrent que les vapeurs de formol pourront rendre des services dans les maladies infectieuses de la gorge et des voies respiratoires.

Toxicité. — « Nous avons déjà fixé le pouvoir toxique des solutions de formol par injections sous-cutanées et intraveineuses. En injection sous-cutanée chez le cobaye, les doses de 53 et 66 centigrammes par kilogramme ne sont pas mortelles ; la dose de 80 centigrammes l'est assez rapidement. En injection intraveineuse, la dose mortelle est de 7 centigrammes par kilogramme pour le chien, et de 9 centigrammes par kilogramme pour le lapin. Les vapeurs de formol ne deviennent toxiques que lorsqu'elles sont respirées en grande quantité pendant plusieurs heures.

« Un cobaye, exposé dans une caisse aux vapeurs se dégageant d'une solution de formol à 40 pour 100, est mort en trois jours. Un second cobaye, exposé seize heures par jour au courant d'air traversant la solution de formol à 5 pour 100, est mort pareillement au bout de trois jours. »

Conclusions. — « 1° Les vapeurs de formol se diffusent rapidement dans les tissus animaux, qu'ils rendent imputrescibles ;

« 2° Elles s'opposent, même en très faibles proportions, au développement des bactéries et des organismes ;

« 3° Elles stérilisent en quelques minutes les substances imprégnées de bacilles d'Eberth et de charbon ;

« 4° Les vapeurs ne sont toxiques que lorsqu'on les respire pendant plusieurs heures et en grande quantité. »

Ces travaux, dont les résumés ont été insérés à l'Académie des sciences et qui viennent d'être exposés, ont donc mis en évidence les faits suivants :

L'action de la formaldéhyde, soit à l'état liquide, soit à l'état gazeux, sur les bacilles de la décomposition, le *Bacillus anthracis*, les bacilles salivaires, les bactéries des eaux d'égout, le *Bacterium coli*, le bacille d'Eberth, l'*Aspergillus niger*, les *penicillium* et les ferments lactiques et butyriques ;

La détermination des doses infertilisantes et microbicides de la formaldéhyde vis-à-vis plusieurs germes pathogènes ;

La détermination de la toxicité de la formaldéhyde en injection sous-cutanée et intraveineuse ;

L'action antifermentescible de la formaldéhyde ; l'action des vapeurs et de la solution aldéhydique sur les tissus animaux et sur les matières albuminoïdes.

Dans le procédé d'application ci-dessus mentionné, j'avais déjà signalé :

La propriété de l'aldéhyde formique à conserver les tissus animaux, les plantes en général, les produits organiques, sans en altérer les propriétés physiques ;

La non-toxicité de ce corps ;

La possibilité de son emploi sous les trois états : solide, liquide et gazeux ;

L'emploi pour la désinfection par la pulvérisation.

Analyse des principaux travaux sur la formaldéhyde (1).

Liebreich (2), en se basant sur les diverses expériences avec la formaldéhyde déjà connues, donne un aperçu de l'avenir réservé à ce produit. Il fait ressortir ses vertus antiseptiques, tannantes et son peu de toxicité. Il admet la possibilité d'y trouver un principe utile à l'antisepsie générale.

J. Pohl (2), faisant pour le besoin de sa démonstration une recherche sur l'action de la formaldéhyde comparée à celle de l'alcool méthylique, arrive à la conclusion que les deux résultats sont totalement différents.

Valude (4), instruit des expériences de laboratoire de

<hr>

(1) Les analyses qui suivent ont été en partie extraites du *Bulletin de thérapeutique*, 15 avril 1895, Bardet.

(2) *Therap. Monatsh.*, avril 1893.

(3) *Archiv. für exp. Path.*, bd. xxxi, H. 4, etc.

(4) *Ann. d'oculistique*, juillet 1893.

Dubief, Berlioz (1), Jean (2), Duclaux (3), confirmant la vertu stérilisante de la formaldéhyde, a utilisé cette dernière cliniquement, dans sa pratique d'oculistique, comme antiseptique. Les résultats obtenus concordent parfaitement avec les expériences de laboratoire, notamment avec celles de Strauss, d'où il ressort que la formaldéhyde, même à dose moindre, possède sur les liquides organiques une vertu stérilisante plus forte que celle du sublimé, quoique son activité microbicide directe soit moindre que celle de ce dernier. L'activité de la formaldéhyde sur les tissus infectés serait plus profonde et plus durable. D'après l'auteur, cela tiendrait à sa parfaite solubilité, à sa diffusibilité et à la non-précipitation de l'albumine. Les doses employées par l'auteur varièrent de 1 sur 2000 à 1 sur 500.

Aronson a confirmé par ses recherches (4), au point de vue bactériologique, les expériences diverses relatées plus haut, aussi bien sur les germes qu'au point de vue de l'action toxique sur les animaux supérieurs.

Des cultures du bacille de la diphtérie (bacille de Lœfler) ont été stérilisées après addition de formaldéhyde dans la proportion de 1 pour 400, après dix minutes de contact. Des cultures du même bacille, exposées à des vapeurs d'une solution étendue de formaldéhyde, ont été atténuées dans leur virulence.

D'autres expériences ont démontré que, pour un lapin, la dose mortelle de formaldéhyde était de 24 centigrammes par kilogramme de poids corporel, le toxique étant injecté sous la peau. Or, cette dose est de 26 centigrammes pour l'acide phénique, et de 15 milligrammes pour le sublimé.

D'autres aldéhydes ont été expérimentées par l'auteur au

---

(1) *Moniteur scientifique*, Quesneville, 1892.
(2) *Journal d'hygiène*, 1892.
(3) *Ann. Inst. Pasteur*, 1892.
(4) Berlin, *Klin. Wochenschr*, 1892, n° 30.

point de vue de leur action antiseptique. Ces expériences ont démontré que les vapeurs de l'aldéhyde acétique exercent une action parasiticide très énergique sur le bacille de la diphtérie. Même résultat pour la benzaldéhyde et pour d'autres aldéhydes de la série aromatique.

De Buck et **Vanderlinden** (1) ont étudié également le formol au point de vue clinique et expérimental. Voici les résultats auxquels ils sont arrivés :

La toxicité de la formaline en injection sous-cutanée serait, d'après ces expériences, pour le lapin, 1 centimètre cube à 1 centimètre cube et demi par kilogramme, ce qui représenterait environ 4 à 6 décigrammes de formaldéhyde, dose correspondant à celle fixée déjà par les expériences faites par Berlioz et moi.

Chez le chien, 1 centimètre cube de formaline par kilogramme en injection hypodermique, soit 4 décigrammes environ de formaldéhyde, n'amène la mort qu'au bout de vingt-quatre heures. Cela peut être attribué à la forme diluée sous laquelle a été administrée la formaldéhyde, et conséquemment à sa pénétration à dose plus fractionnée dans le courant circulatoire.

En injection intra-veineuse, de Buck et Vanderlinden ne déterminent pas de dose absolue, injectée brusquement.

Il paraîtrait, d'après ces expériences, que l'animal à sang froid est plus sensible à l'action de l'aldéhyde que l'animal à sang chaud. Une grenouille moyenne succombe, en effet, en une à deux heures, à l'injection sous-cutanée de 2 milligrammes de formaline (8 dix-milligrammes de formaldéhyde).

Quant à la toxicité relative de la formaldéhyde vis-à-vis des autres antiseptiques utilisés dans la pratique chirurgicale, il n'y a guère de doute que la conclusion ne soit tout entière en faveur de ce dernier corps.

(1) *Ann. et Bull. Soc. méd. de Gand*, septembre 1892.

La mort chez les animaux à sang chaud arrive par para-
lysie respiratoire.

Comme conclusions, de Buck et Vanderlinden se résument
ainsi :

1° La formaldéhyde en solution aqueuse à 10 pour 100
répond bien à certains desiderata de la chirurgie moderne,
comme liquide à la fois aseptique et antiseptique (il n'est
pas improbable que cette concentration puisse encore être
abaissée) ;

2° A ce degré de concentration, d'ailleurs, elle ne peut
exercer sur nos tissus qu'une action fort peu nocive ;

3° Son absorption n'est pas à craindre, car la toxicité est
faible ;

4° Son action se porte surtout sur le système nerveux cen-
tral, et notamment sur la moelle.

Schmidt (1), par ses recherches, a pu confirmer le résultat
des travaux précédents concernant les propriétés antiseptiques du formol. Il a pratiqué des expériences sur le *Staphylococcus pyogenes aureus*, le streptocoque, le coli-bacille, le
bacille d'Eberth et le bacille pyocyanique, et il a constaté
que des bouillons contenant du formol dans la proportion
de 1 pour 20 000 ne se troublaient pas lorsqu'il les ensemen-
çait avec ces bacilles.

Mais Schmidt met en garde les médecins contre les déduc-
tions qu'on serait tenté de tirer de ce pouvoir infertilisant du
formol au point de vue de son application à l'antisepsie chirurgicale et obstétricale.

Dans trois séries d'expériences il a observé qu'un contact
d'une heure avec une solution à 1 pour 1 000 n'empêche pas
le développement microbien ; ce résultat ne peut être atteint
qu'après un contact de six heures. Avec une solution à
1 pour 100, on ne parvient pas encore à tuer, au bout de

(1) *Gazette médicale de l'Est.*

cinq minutes, les espèces bactériennes précitées. Or, à cette dose, le formol est inutilisable pour l'antisepsie des plaies et des muqueuses, à cause de son action irritante et caustique. Malgré le pouvoir infertilisant du formol et malgré son peu de toxicité relative, il jouit d'un pouvoir microbicide trop faible, et ses solutions sont trop caustiques pour qu'on puisse songer à l'employer en chirurgie.

Slater et **Rodrat** (1) concluent de nombreuses expériences que ce composé, soit en solution, soit sous forme de vapeurs, possède des propriétés antiseptiques ; que, de plus, il n'est pas toxique ; qu'on peut le vaporiser facilement ; qu'il n'a pas d'action corrosive sur les objets fabriqués, qualités qui le rendent des plus utiles pour la désinfection pratique.

Philipp (2), connaissant le pouvoir désinfectant des vapeurs d'aldéhyde formique démontré par plusieurs savants, a recherché s'il ne serait pas possible de désinfecter les habitations par ce moyen. Il a employé pour cela la solution aqueuse d'aldéhyde formique à 40 pour 100. Une chambre poussiéreuse dans laquelle $2^{cc},5$ de la couche de poussière renfermaient 1 052 000 germes, fut soumise aux vapeurs de formaline et l'on constata une diminution, puis une disparition complète des germes contenus dans la poussière. La même expérience fut faite en ensemençant la poussière sur des plaques de Petri et l'on obtint le même résultat.

En même temps, il soumit aux vapeurs de formaline des cultures sur agar de choléra, de typhus, de charbon, et des fils de soie imprégnés de spores de charbon. Le choléra et le typhus furent tués au bout de deux à trois jours ; mais, ainsi que le prouvèrent les recherches sur les animaux, on ne put obtenir une destruction complète des spores charbonneuses.

L'auteur conclut de ses recherches que les vapeurs d'aldé-

(1) *The Lancet*, 1894.
(2) *Münch. Med. Wochensch.*, 1894, p. 926.

hyde formique ont un pouvoir désinfectant de beaucoup supérieur à celui de tous les désinfectants gazeux employés
jusqu'ici, et que, par l'emploi de grandes quantités de formaline, on peut, au bout d'un certain temps, obtenir la
désinfection complète d'une chambre et des objets qu'elle
renferme. Le prix élevé de la formaline pourrait seul s'opposer à son emploi d'une façon courante.

Holfert (1), d'un autre côté, a appelé l'attention sur l'emploi de cette substance pour conserver les produits végétaux.

Une solution contenant seulement 1 gramme de formaldéhyde pour 200 d'eau suffit et au delà. La chlorophylle, les
pigments végétaux ne sont pas modifiés.

Comme preuve de son pouvoir désinfectant, il dit que
l'odeur des boucheries, si prononcée pendant l'été, disparaît
complètement par des lavages.

Par contre, lorsqu'on veut l'employer pour conserver la
viande, elle présente le désavantage de détruire la couleur
du pigment sanguin. Elle empêche la putréfaction, mais
n'arrête pas la moisissure.

Ce fait que les bactéries sont tuées, mais que les champignons ne subissent aucune atteinte, permet d'admettre qu'on
peut l'employer pour obtenir les cultures pures de levure,
car, comme on le sait, la grande difficulté est, dans ce cas,
de se débarrasser des bactéries.

Blum (2), après avoir fait un historique détaillé sur les
travaux concernant le formol, établit les doses microbicides
de ce produit vis-à-vis les germes du choléra des poules, du
staphylocoque doré et du charbon sporulé.

Carlo Ascoli (3), du laboratoire d'hygiène de Turin, donne
de ses travaux les conclusions suivantes :

Les solutions de formol ne présentent aucun avantage sur

(1) Société de pharmacie de Berlin, août 1894.
(2) *Munchner Wochensch.*, 1894.
(3) *Giornali della R. Accad. di med. di. Torino*, nos 6, 7 et 8, 1894.

les désinfectants liquides employés en chirurgie et obstétrique, car elles provoquent la nécrose de la peau et la momifient.

On peut les employer pour la désinfection des matières putrides, car, outre leur valeur désinfectante et antiseptique, elles sont aussi désodorantes.

Les vapeurs de formaldéhyde, qui se dégagent à la température ordinaire, sont utiles pour la désinfection des petits récipients, des vêtements, des livres qui seraient abîmés par les autres substances.

Quant à la désinfection des milieux, ces vapeurs ne peuvent être employées, car leur odeur est trop âcre et trop irritante pour les muqueuses.

Berlioz (de Grenoble) [1], en continuant ses études sur le formol, a institué des expériences sur les animaux et sur l'homme dans le but d'appliquer cette aldéhyde au traitement de la tuberculose et de la diphtérie.

Les expériences sur les animaux ont échoué.

Les essais faits sur l'homme n'ont pas été davantage couronnés de succès.

Les injections intra-musculaires de formol émulsionné dans l'huile ou la vaseline sont très douloureuses et produisent souvent des abcès. Les pilules de triformol ou trioxyméthylène additionné de substances inertes ou neutralisantes sont mal supportées, troublent l'appétit et causent parfois des vomissements.

Les lavements d'huile additionnée de formol sont également douloureux.

Seules, les inhalations d'air ayant barboté dans une solution de formol se sont montrées efficaces chez les phtisiques; elles diminuent la quantité et la purulence des crachats.

Ces inhalations sont vraiment très actives dans les coryzas,

(1) Académie de médecine de Paris.

dans les trachéo-bronchites aiguës. La sécrétion nasale est très rapidement tarie ; la toux et l'expectoration cessent en peu d'heures.

Mais c'est dans l'enrouement que Berlioz aurait observé les plus beaux résultats. Sous l'influence d'une inhalation de cinq minutes, la voix reprend sa limpidité et sa clarté.

Ces résultats sont dus à l'action astringente très marquée que possède le formol.

Miquel (1), dans un laborieux travail, a démontré que le formol en vapeur avait une action extrêmement énergique sur les germes.

M. Miquel a étudié l'action antiseptique des vapeurs d'aldéhyde formique spécialement sur les poussières d'appartement et en pratiquant la numération des colonies dans le cours de ses expériences.

Voici le mode d'expérimentation suivi par l'auteur :

Les poussières choisies pour soumettre à l'action des désinfectants volatils provenaient ordinairement de balayures recueillies dans un couloir de la caserne Lobau conduisant aux cabinets d'aisances et urinoirs situés au rez-de-chaussée de cet immeuble.

Ces balayures étaient passées au tamis de façon à obtenir une poudre assez fine, noirâtre, très chargée de matières organiques, de nombreuses bactéries vulgaires de la putréfaction et des matières stercorales.

Ces poussières étaient placées en couche mince et en égale quantité sur des lames de platine dont plusieurs étaient gardées comme témoins à l'abri de la chute des sédiments atmosphériques, tandis que les autres étaient exposées, suivant les cas, à l'action des vapeurs antiseptiques pendant 1, 2, 3 jours et parfois davantage.

Successivement, au bout de 24, 48, 72, 96 ou 120 heures

(1) *Annales de micrographie*, 1894 et 1895.

de contact avec ces vapeurs, on prélevait, au moyen d'une pince flambée, les lamelles chargées de poussières ; on les laissait tomber dans des matras pleins à moitié d'un volume connu d'eau stérilisée, puis on procédait, après une émulsion rendue aussi parfaite que possible des poussières avec l'eau, à la numération des germes restés vivants.

Parallèlement, souvent au commencement de ces séries d'expériences, mais toujours à leur fin, une lamelle témoin qui n'avait pas été exposée à l'action des vapeurs microbicides était traitée de la même façon.

En opérant ainsi on peut obtenir avec une approximation suffisamment instructive la proportion pour cent des bactéries détruites par les substances désinfectantes volatiles au bout d'un temps déterminé.

On trouvera le détail des expériences de M. Miquel dans le travail original ; citons cependant les deux expériences suivantes dans lesquelles les poussières ont été désinfectées.

1° Sous une cloche de 11 litres 200 de capacité, tubulée à son extrémité inférieure, fermée par un bouchon en caoutchouc que traverse un petit tube de verre de 7 millimètres de large sur 4 centimètres de long, on place un dixième de centimètre cube d'une solution de formol à 33 pour 100. Dans le tube, on place un amas de poussières très riches en bactéries diverses, et qui atteint 7 millimètres de hauteur. La distance qui sépare le tube du papier imbibé de la solution d'aldéhyde formique est égale à 35 à 40 centimètres. Au bout de quarante heures de contact, les poussières jetées en totalité dans un flacon de bouillon de peptone stérilisé se montrent infécondes (température moyenne : 16°; pression : 774,4).

2° Deux jours après, sans apporter aucun changement au dispositif précédent, le tube est rechargé de 5 millimètres de poussières ; mais le papier, imbibé deux jours avant de 1 milligramme de solution d'aldéhyde formique, ne reçoit aucune addition de liquide antiseptique. Après soixante-douze heures d'action, les poussières se montrent aussi bien stérilisées que dans l'expérience précédente.

MM. Cambier et **Brochet** (1), chimistes à l'observatoire de Montsouris, ont expérimenté les vapeurs d'aldéhyde formique sur les poussières et leurs conclusions ne font que confirmer celles des auteurs précédents.

Nils Englund (2) a démontré que les lampes formogènes étaient insuffisantes pour la stérilisation des grands espaces.

Foley (3) a constaté que les vapeurs émises par la solution d'aldéhyde formique ne pouvaient stériliser les poussières.

Expérience I. — « On verse 500 centimètres cubes de solution aqueuse de formaldéhyde à 10 pour 100, en couche épaisse de 3 centimètres environ dans une grande cuvette plate placée au milieu d'une pièce cubant environ 45 mètres cubes, et dont les ouvertures sont soigneusement fermées. Au bout de vingt-quatre heures, on fait des prises de poussières. Odeur de formol presque inappréciable, quand on entre dans la pièce; une très petite quantité de cette solution s'est évaporée. Trouble très rapide et putréfaction des bouillons ensemencés avec les poussières recueillies sur les parois et sur un plancher, aussi bien après qu'avant l'expérience. »

Expérience II. — « Analogue à la précédente, tentée sur trois pièces composant un appartement de 144 mètres cubes, communiquant largement entre elles. Après *huit* jours, odeur à peine appréciable de formol dans l'appartement. Poussières fertiles comme auparavant. »

Des essais ont été faits dans des espaces beaucoup plus petits ; ils ont abouti aux mêmes résultats.

(1) *Journal d'hygiène et de police sanitaire*, 1894.
(2) *Om Formaldehyden*, Stockholm, 1895.
(3) Foley, thèse inaugurale, Lyon, 1895.

Fayollat (1), à la suite d'une série d'expériences exécutées au moyen d'une lampe formogène, conclut ainsi :

« Les vapeurs de formol donnent de meilleurs résultats que les autres antiseptiques employés dans la désinfection.

« Les lampes formogènes, fonctionnant par capillarité, sont insuffisantes pour la désinfection des locaux, mais elles conviennent très bien pour la désinfection des mêmes objets dans de très petits espaces. »

Walter (2) a établi également dans ses expériences les propriétés antiseptiques de la formaldéhyde.

Les essais pour la désinfection des locaux au moyen de lampes formogènes, avec la lampe formogène de Kroll, ou par vaporisation de vapeurs de formaldéhyde, n'ont pas donné des résultats favorables (3). Les recherches expérimentales faites par Walter sur le pouvoir désinfectant de la formaline l'amenent à formuler les conclusions suivantes :

1° La formaldéhyde, en solution à 1 pour 10 000, arrête le développement de la bactéridie charbonneuse, du vibrion cholérique, du bacille typhique, du staphylocoque doré, du bacille de la diphtérie. Les vapeurs très diluées de formaline agissent de la même façon ;

2° La solution de formaldéhyde à 1 pour 100 tue les cultures pures des microorganismes pathogènes en l'espace d'une heure. Cette action bactéricide est encore plus appréciable dans les solutions alcooliques diluées de formaline ;

3° La solution à 3 pour 100, additionnée au besoin d'alcool, aseptise complètement les mains. Des recherches ul-

(1) Fayollat, thèse inaugurale, Lyon, 1895.

(2) *Zeitschrift f. Hygiene*, XXI, p. 521.

(3) L'auteur se demande si la présence de la vapeur d'eau dans la désinfection par la formaldéhyde n'est pas susceptible d'activer le pouvoir désinfectant des vapeurs aldéhydiques. J'avais moi-même posé cette question depuis plusieurs années, et, pour la résoudre, j'ai fait une expérience en grand dans une salle d'environ 500 mètres cubes, située au Val-de-Grâce, à Paris. On lira plus loin les résultats de cette expérience.

térieures montreront si, dans ces conditions, la peau est attaquée ou non (1) :

4° Les pulvérisations de formaldéhyde désinfectent complètement les étoffes artificiellement infectées avec des cultures virulentes. Au bout de vingt-quatre heures, les vêtements et les effets de cuir se trouvent complètement désinfectés sans être endommagés ;

5° Une solution à 1 pour 100 désodorise instantanément les matières fécales ; une solution à 10 pour 100 les rend stériles dans l'espace de dix minutes.

Expériences de M. Pottevin sur l'action des vapeurs de formol sur le Bacillus subtilis (2).

Dans des flacons à large goulot d'une capacité de 400 centimètres cubes, on place 50 centimètres de la solution deformaldéhyde ; un petit disque de porcelaine, percé de trous, était suspendu au bouchon, à 5 centimètres cubes environ au-dessus de la surface du liquide. Les flacons stérilisés à l'autoclave recevaient la solution d'aldéhyde, puis étaient placés dans un bain-marie à température constante, sauf pour les expériences à 15 degrés, qui se faisaient à la température du laboratoire ; au bout de deux heures, on disposait sur les disques, flambés au préalable, les morceaux de toile supportant les spores.

15°	La solution à	2 0/0	n'a pas tué en	56	heures.	
	—	15 0/0	—	56		
	—	42 0/0	—	30	— a tué en 44 heures.	
35°	La solution à	2 0/0	n'a pas tué en	6 h.	elle a tué en 18 heures.	
	—	15 0/0	—	2		6
	—	42 0/0	—	—		2
52°	La solution à	2 0/0	a tué en	2	heures.	
	—	15 0/0	—	1	heure.	
	—	42 0/0	—	1	heure.	

(1) L'action de la formaldéhyde sur les muqueuses est facilement démontrée par les expériences que j'ai déjà citées.

(2) *Annales de l'Institut Pasteur*, 1895.

ACTION ANTISEPTIQUE DE L'ALDÉHYDE ACÉTIQUE.

L'aldéhyde acétique est le deuxième terme de la série aldéhydique. Il répond à la formule

$$CH^3 COH,$$

la formule de l'aldéhyde formique étant

$$H COH.$$

Ce corps a une grande analogie avec l'aldéhyde formique. C'est un liquide mobile, incolore, bouillant à la température de 21 degrés, par conséquent, extrêmement volatil. Sous l'action de certains agents, il se polymérise en paraldéhyde,

$$CH^3 COH — CH^3 COH,$$

qui se présente sous la forme de cristaux blancs.

L'aldéhyde acétique a les mêmes affinités chimiques que la formaldéhyde, mais à un degré moindre. Avec l'ammoniaque, on obtient le dérivé ammoniacal. Le chlore, le brome, l'iode, donnent des dérivés correspondants.

L'aldéhyde acétique est obtenue par l'oxydation incomplète de l'alcool ordinaire au moyen du bichromate de potasse et de l'acide sulfurique. On l'obtient encore par l'oxydation d'un mélange de vapeurs d'alcool et d'air au moyen de l'un des appareils employés déjà pour l'obtention du formol au moyen de l'alcool méthylique.

J'ai étudié l'action antiseptique de l'aldéhyde acétique sur les germes pathogènes.

En premier lieu, j'ai constaté que l'action de ce corps sur les matières albuminoïdes était moins active et moins rapide que celle du formol. Tandis que la gélatine, par exemple, est instantanément insolubilisée par l'addition de quelques gouttes de formol, l'insolubilisation par l'aldéhyde acétique demande des quantités notables de ce produit, et la réaction, pour être complète, exige beaucoup plus de durée d'action. J'ai expérimenté sur les germes de décomposition organique et employé la même méthode que celle dont je me suis servi pour la formaldéhyde (voir plus haut).

A la dose de 1/25000 d'aldéhyde acétique, les bouillons ensemencés avec du jus de viande décomposée ont donné des cultures. Ils ont été stériles à la dose de 1/2000.

Le même essai, répété avec le charbon sporulé, a prouvé que la dose de 1/20000 d'aldéhyde acétique n'était pas suffisante pour entraver le développement de ce germe.

A l'état de vapeur, l'action antiseptique de l'aldéhyde acétique se manifeste plus lentement et d'une manière beaucoup plus incomplète qu'avec les vapeurs de formaldéhyde.

En résumé, l'emploi des vapeurs d'aldéhyde acétique pour la désinfection doit être écarté :

1° Parce que son action antiseptique est relativement faible ;

2° L'action de ce corps sur les matières albuminoïdes est très lente ;

3° Sous l'influence d'un corps en ignition, ces vapeurs font explosion ;

4° L'inhalation de vapeurs d'aldéhyde acétique provoque immédiatement des troubles physiologiques profonds. C'est un stupéfiant extrêmement énergique.

CHAPITRE III

Expériences sur les viandes. — Conservation des pièces anatomiques.
Pouvoir désodorant de la formaldéhyde. — Action sur les ferments. —
Expériences démontrant l'action sur les matières albuminoïdes. —
Expériences sur la force de pénétration des vapeurs de formaldéhyde.
— Action sur les matières colorantes. — Expériences sur l'explosibi-
lité des vapeurs de formaldéhyde.

Action du formol sur les viandes (1).

J'avais supposé au début de mes travaux que la formaldéhyde était susceptible de pouvoir être appliquée à la conservation des viandes. Dans ce but, j'avais institué les expériences suivantes.

Trois méthodes ont été employées :

1° Essais par immersion ;

2° Essais par fumigation à air libre ou sous pression ;

3° Essais par stérilisation de l'air ambiant.

Essais par immersion. — « Les essais par immersion consistaient à plonger les viandes, pendant un espace de temps
plus ou moins long, dans des solutions de formol à concen-
trations variables.

« Les viandes ainsi traitées ont été ensuite placées dans
les conditions les plus favorables à la décomposition, afin
d'en tirer des conclusions plus probantes.

« Voici, par exemple, les résultats obtenus dans deux séries,
l'une à immersion lente, l'autre à immersion rapide.

(1) Cette étude a été publiée dans *le Moniteur scientifique*, juillet 1892.
Quoiqu'elle n'ait pas été susceptible d'application, j'ai cru bon de la
reproduire.

Essais par immersion lente dans une solution de formol au 500°.

Numéros d'ordre.	Viande de bœuf.	Durée d'immersion.	Durée de conservation.	Observations.
I............	1 kilog.	60 minutes.	25 jours.	Viande conservée
II..........	1 —	40 —	18 —	au grand air à
III.........	1 —	30 —	16 —	une températu-
IV.........	1 —	15 —	13 —	re variant de
V..........	1 —	10 —	12 —	22 à 30 degrés.
VI.........	1 —	5 —	8 —	

« Les viandes soumises au même traitement et renfermées dans un espace fermé se sont un peu plus rapidement décomposées.

Essais par immersion rapide dans une solution de formol au 250°.

Numéros d'ordre.	Viande de bœuf.	Durée d'immersion.	Durée de conservation.
I............	1 kilog.	5 minutes.	20 jours.
II..........	1 —	2 minutes.	15 —
III.........	1 —	1 minute.	12 —
IV.........	1 —	30 secondes.	10 —
V..........	1 —	2 secondes.	10 —

« Nous voyons dans ces deux essais que la durée de conservation augmente beaucoup avec le degré de concentration du formol.

Essais par fumigation. — « Les vapeurs, faiblement dégagées par une solution de formol à 10 pour 100, sont suffisantes pour empêcher la décomposition en général. Différentes parties animales ont été placées sous une cloche contenant des vapeurs de formol : après plusieurs mois, les substances n'avaient subi aucune altération ; la fermentation de certains liquides est ainsi entravée par ce traitement.

« Il était à prévoir que la pression devait beaucoup favoriser la pénétration des vapeurs de formol dans les tissus des substances animales. Des expériences ont été instituées dans ce sens. Deux récipients, en communication par un robinet, contenaient : l'un, les viandes ; l'autre, une solution de formol à 10 pour 100. Les vapeurs de celle-ci, étant amenées à une certaine pression, on ouvrait brusquement le robinet et les viandes étaient immédiatement retirées.

« Les résultats obtenus par cette méthode sont encore plus palpables que les précédents ; elle peut être employée pour les traitements de longue conservation.

Essais par stérilisation. — « Une troisième méthode a donné des résultats très appréciables pour une conservation de quelques jours. Cette méthode a pour but de rendre aseptique la couche d'air qui environne les surfaces des viandes, de manière à stériliser les germes qui sont contenus et à tuer ceux qui commenceraient à se développer.

« Ce traitement, d'une simplicité extrême, a l'avantage de supprimer tout appareil et l'introduction de l'humidité dans les viandes, comme cela a lieu dans le système à immersion. Le procédé consiste à envelopper les viandes d'un tissu préalablement imbibé d'une solution de formol et fortement exprimé. Il se forme par évaporation du trioxyméthylène qui reste adhérent au tissu, qui stérilise l'air ambiant et qui tue les germes de l'atmosphère pouvant pénétrer par les mailles.

« Les expériences faites sur des quartiers d'animaux ont prouvé que la durée de conservation était en raison directe de la concentration du formol. C'est ainsi que des pièces de 5 à 10 kilogrammes de viande de veau, enveloppées d'un linge trempé dans une solution au 1/500 et fortement exprimé ont pu être conservées plusieurs jours sans aucune altération ; une solution au 1/250 donne des résultats de plus de quinze jours de conservation. Cette conservation peut encore être prolongée, si l'on a soin de changer les enveloppes par de nouveaux tissus imbibés de formol (1).

---

(1) Les viandes ainsi emprisonnées dans un milieu de vapeurs antiseptiques, ont pu être expédiées à une distance de 800 kilomètres sans altération.

« Enfin, les expériences ont été faites sur des viandes de toute nature : les résultats ont été à peu près les mêmes.

« L'analyse des sucs de la viande et l'examen microscopique des tissus n'ont rien révélé d'anormal dans la composition des substances traitées. Lorsqu'on plonge une viande dans une solution très concentrée de formol, on peut remarquer que les surfaces durcissent. Les viandes traitées au formol ne présentent, après un certain temps, aucune réaction pouvant faire admettre l'existence du formol à l'état libre. La faculté qu'a le formol de coaguler le sang pourrait faire supposer que la conservation est due à une membrane excessivement faible et résistante, et qui pénétrerait légèrement la viande de manière à l'emprisonner et à obstruer le passage des germes. Cela n'est qu'une hypothèse, qui aurait besoin d'être confirmée par une étude approfondie. »

L'insolubilisation des matières albuminoïdes et leur transformation en substances non assimilables n'ont pas permis de pouvoir, dans la pratique, employer la formaldéhyde pour la conservation des matières alimentaires. Les vapeurs de formaldéhyde pénètrent les tissus, ainsi que je l'ai fait remarquer, mais *elles rendent la matière albuminoïde rebelle à toute assimilation*.

Ce fait, dont je ne me suis pas rendu compte immédiatement, est extrêmement remarquable. Il est étrange, en effet, que, sous l'influence de la fixation d'un résidu méthylénique pondérablement inappréciable comme le prouvent les expériences, l'albumine subisse une pareille modification. Nous verrons plus loin des phénomènes analogues.

Conservation des pièces anatomiques et applications en histologie.

Dans les travaux ci-dessus mentionnés, on remarquera que j'avais signalé l'action particulièrement remarquable de l'aldéhyde formique sur les tissus sans les altérer (1), la propriété de les durcir, enfin l'action insolubilisatrice sur les albuminoïdes (2). J'avais proposé l'aldéhyde formique pour la conservation des cadavres et de diverses substances, ainsi que son emploi pour les plantes et les fleurs (3). M. le docteur Blum, de Francfort, a fait, plus tard (4), une étude complète de l'application de formaldéhyde pour la conservation des pièces anatomiques ; il a signalé ses propriétés macroscopiques, et reconnu que les pièces immergées dans les solutions de formaldéhyde ne subissaient aucune altération.

Il serait trop long d'énumérer ici les intéressantes expériences que MM. Blum père et fils firent à ce sujet (5), mais on les lira avec intérêt dans le travail original et dans une publication plus récente (6).

Ils ont fixé d'une manière définitive l'emploi des solutions de formaldéhyde pour les pièces anatomiques et en histologie.

Pouvoir désodorant.

Le formol, que ce soit à l'état de vapeur ou à l'état de liquide, possède un grand pouvoir désodorant qui peut le rendre précieux en distillerie ou en sucrerie. L'expérience suivante est concluante. Je me suis servi de flegmes provenant de la distillation du jus de betteraves ayant fermenté

(1) *Brevet*, octobre 1891.
(2) *Comptes rendus de l'Académie des sciences*, mai et août 1892.
(3) *Brevet, loc. cit.*
(4) *Zeitschrift für wissenschaftl. Microscopie*, Bd X, 1893.
(5) *Bericht über Senckenberg. nat. Ges. in Frankfurt a. M.* 1894.
(6) *Anatomischer Anzeiger*, Bd XI, 1896.

en présence de bacilles de la décomposition animale. Après quelques jours de fermentation, le liquide dégageait une odeur repoussante. Après l'avoir soumis à la distillation, l'alcool qui en résultait a été placé dans une série de petits flacons dans lesquels j'ai ajouté de petites doses de formol. A la dose de 1/10000 de formol, toute odeur putride avait disparu. En variant les conditions d'expérience, en opérant sur certains flegmes, plus ou moins odorants, j'ai obtenu des résultats semblables (1).

Il est bon de remarquer que, dans les résultats obtenus dans ces expériences, l'action antiseptique n'intervient pas. La désodorisation est due, en grande partie, à la transformation des dérivés soufrés. Sans être très affirmatif, on peut supposer que les mauvaises odeurs, dans certaines fermentations, sont dues à la formation d'éthers du mercaptan, dont la formule générale pourrait être représentée par RSH. Le formol agirait sur eux de la manière suivante :

$$CH^2O + 2RSH = H^2O + (RS)^2CH^2$$

Or, de semblables dérivés du méthane sont dépourvus d'odeur.

Le pouvoir désodorant de la formaldéhyde est encore dû, selon mon opinion, à la facilité avec laquelle ce corps donne des combinaisons avec l'ammoniaque et avec ses dérivés. Ainsi, non seulement l'air imprégné d'ammoniaque devient respirable en présence des vapeurs de formol, mais aussi le même résultat est obtenu sur les vapeurs des amines de la série grasse, dont l'odeur est très tenace.

A l'état de vapeurs, le formol agit encore d'une manière plus frappante. De très faibles quantités de formol répandues dans l'air suffisent à détruire rapidement la mauvaise odeur d'une salle dans laquelle se produit une fermentation putride et ammoniacale.

(1) *Bulletin de l'Association des chimistes de sucrerie*, août 1893.

Action du formol sur les ferments (1).

«L'action antiseptique du formol à l'état liquide ou à l'état gazeux ne s'exerce pas seulement sur les microbes pathogènes, elle est extrêmement énergique sur les ferments lactiques et butyriques. J'ai signalé cette action, dès le début de mes travaux, et les expériences que j'ai faites à ce sujet sont relatées dans diverses communications, notamment dans deux notes présentées à l'Académie des sciences.

« Ces expériences ont servi de base pour les essais ayant pour objet l'emploi de la formaldéhyde dans la distillerie. Pour démontrer cette action antiseptique, je me suis borné à faire des expériences extrêmement simples en étudiant l'action du formol sur des liquides dans lesquels les ferments lactiques et butyriques étaient susceptibles de se développer.

Expérience. — « Dans une série de flacons d'une contenance de 50 centimètres cubes, je mets 20 centimètres cubes de lait frais. Dans chacun de ces flacons j'ajoute des doses décroissantes de formol depuis 1/5000 jusqu'à 1/100000 et je les porte dans une étuve de culture à une température propre au développement des ferments lactiques et butyriques. Chaque jour, ces flacons sont retirés et font l'objet d'une observation. Les observations consistent principalement à prendre l'acidité du lait et à faire un examen microscopique ».

Il serait trop long et fastidieux de donner ici les tableaux des observations et les courbes d'acidité que j'ai construites en opérant de cette manière ; je me bornerai à donner le résumé des résultats :

« A la dose de 1/5000, le lait se conserve indéfiniment ou, du

(1) Extrait d'une conférence faite à l'Association des chimistes de sucrerie et de distillerie le 13 juillet 1895.

moins, se conserve pendant plusieurs mois, sans qu'on puisse constater une augmentation d'acidité ; la dose de 1/20000 et même de 1/50000 de formol est suffisante pour arrêter toute fermentation et toute augmentation d'acidité pendant plusieurs semaines. Enfin, j'ai très nettement constaté que les doses de 1/80000 et 1/100000 entravaient la fermentation lactique et butyrique du lait. M. Béchamp a, de son côté, confirmé mes observations concernant l'action du formol sur le lait (1).

« Dans une autre série d'expériences, j'ai fait varier les conditions dans le but d'activer la fermentation. Chaque flacon a été additionné d'une petite quantité de lait fermenté. Malgré cet ensemencement, les doses infertilisantes ont été les mêmes que précédemment.

Expérience. — « Dans dix flacons d'une contenance de 500 grammes, j'ai placé 100 centimètres cubes de moût de bière. Après avoir pris l'acidité du témoin, j'ai ensemencé les moûts avec des ferments lactiques et butyriques, puis j'ai porté les essais dans une étuve à une température constante de 30 degrés. Chaque jour, l'acidité des témoins, ainsi que celle des essais, a été prise, et j'ai pu arriver, comme précédemment, à construire des courbes d'acidité. Le formol ne semble pas agir vis-à-vis du moût de bière avec la même intensité que sur le lait ; peut-être subit-il une transformation qui paralyse son action en partie. Cependant, son action antiseptique est encore considérable. La dose de 1/20000 de formol est déjà très sensible sur l'arrêt du développement des ferments lactiques et butyriques ; a la dose de 1/10000, l'acidité des moûts n'a sensiblement pas augmenté après huit jours.

« Le ferment acétique, comme dans les cas précédents, ne se développe pas en présence du formol ; les doses infertili-

____

(1) *Bulletin de la Société de chimie*, 1893 ; *id.*, 1896.

santes sont les mêmes que lorsqu'il s'agit des ferments lactiques et butyriques.

« Mais ce qui fait l'intérêt du formol, c'est que j'ai trouvé que ce corps exerce surtout son action antiseptique à l'état de vapeurs vis-à-vis des ferments acétiques, lactiques et butyriques. Ces mêmes vapeurs ont la particularité d'empêcher l'inversion d'un sirop de sucre.

Expérience. — « Sous une cloche d'une capacité de 10 litres, on place une petite capsule contenant une certaine quantité de formol. Celui-ci ne tarde pas à s'évaporer en partie; en pesant le trioxyméthylène qui reste dans la capsule et connaissant le titre de la solution de formol, on a, par un simple calcul, la quantité d'aldéhyde évaporée. Des flacons, contenant des échantillons de lait et de divers moûts, sont disposés sous la cloche, après avoir été ensemencés par des ferments lactiques, acétiques et butyriques. Chaque jour, comme dans les expériences précédentes, les essais sont retirés et examinés au point de vue de l'acidité et au microscope.

« Or, dans l'expérience dans laquelle le formol n'intervient que pour une dose de 1/10000, on peut constater qu'après une période de vingt jours, l'acidité des échantillons n'a pas varié, tandis que les témoins ont donné une augmentation d'acidité après vingt-quatre heures.

« Si, dans les mêmes expériences, nous remplaçons les échantillons précédents par des solutions sucrées plus ou moins concentrées, nous pourrons constater que les sirops ne se sont pas altérés et qu'en outre il ne s'est pas formé d'inversion. Ces phénomènes ont été confirmés, dernièrement, par les expériences de Tollens et de Herzfeld (1).

« Les appareils formogènes peuvent être utilisés, non seulement pour la stérilisation des matériaux pathogènes et pour la désinfection des locaux contaminés, mais aussi pour

(1) *Bericht der Deut. Chem. Geselschaft,* 1895.

purifier l'air dans les grandes salles de fermentations, ainsi que l'air ambiant dans leur voisinage. De même, dans les laiteries, il suffira de faire fonctionner cinq à six heures l'appareil formogène pour détruire les germes nuisibles de l'air ou ceux fixés sur le sol et sur les murs. En général, le formol à l'état de vapeurs pourra être utilisé dans tous les cas où l'acide sulfureux ou les badigeonnages à la chaux ou au chlore sont prescrits. Ainsi, les fumigations des tonneaux par les vapeurs de formol m'ont donné d'excellents résultats. Windisch (1) a recommandé, de son côté, l'emploi des vapeurs de formol pour la désinfection des caves des brasseries.

« Enfin, la remarquable propriété qu'ont les vapeurs de formol d'empêcher l'inversion du sucre rend son emploi tout indiqué dans la cristallisation du sucre candi. »

Application de la formaldéhyde dans les industries de fermentation.

A la suite des expériences que je viens de signaler, j'ai supposé que la formaldéhyde pourrait rendre des services dans les industries de fermentation pour prévenir les fermentations nuisibles. Mais une nouvelle série d'études s'imposait.

Quelle était l'action du formol sur la diastase ainsi que sur le ferment alcoolique ? Cette action était-elle nuisible ou retardatrice ? A quelle dose le formol était-il toxique ?

Je me suis d'abord assuré, par de simples expériences de laboratoire faites séparément sur la diastase et sur le ferment alcoolique, que l'état de ces derniers ne subissait aucune modification chimique ou physiologique, lorsqu'ils se trouvaient en contact, plus ou moins longtemps, avec une solution contenant une dose relativement forte de formol.

Expérience. — J'ai préparé un moût de riz par la méthode ordinaire ; je l'ai additionné de 1/5000 de formol et saccharifié par du malt vert. Le jus a été mis ensuite en fermentation

(1) *Wochenschr. für Brauerei*, XI, 48.

avec de la levure qui avait été mise en suspension avec une solution de formol au 1/2000. Dans cette expérience, je n'ai observé aucune modification dans la marche de la fermentation, comparativement à un essai témoin. Le rendement en alcool que j'ai obtenu fait supposer que le formol n'avait nullement altéré la diastase ni le ferment alcoolique.

Telles sont les observations qui m'ont conduit à chercher à appliquer la formaldéhyde dans la distillerie et la sucrerie. Les expériences citées sont d'un ordre un peu général ; elles méritaient d'être confirmées et approfondies par une série d'essais méthodiques et précis.

M. Woussen s'est chargé de cette étude et il a consigné dans un long et laborieux mémoire le résultat des travaux entrepris à ce sujet (1).

Expériences de M. Pottevin sur les ferments et les diastases.

M. Pottevin a étudié l'action de certains antiseptiques sur les cellules. De l'ensemble de ses expériences, il tire les conclusions suivantes :

1° Que tant que la quantité de cellules ensemencées est petite, les doses d'antiseptique nécessaires pour empêcher la culture varient d'une façon irrégulière, dans des proportions notables ; elles sont toujours inférieures à celles que nécessitent des ensemencements plus larges ; 2° à partir du moment où l'on a mis des germes en nombre suffisant, les irrégularités disparaissent et la dose stérilisante reste fixe ; elle s'élève à nouveau, d'une façon progressive, avec des ensemencements massifs.

Les irrégularités observées avec les ensemencements très faibles tiennent peut-être uniquement à ce que les cellules qui composent la culture-mère ayant chacune ses qualités

(1) *Bulletin de l'Association des chimistes de sucrerie et de distillerie*, août 1895.

spéciales et en particulier sa résistance propre vis-à-vis de l'antiseptique, il peut arriver, lorsqu'on en prend très peu, que tous les degrés de l'échelle de résistance ne soient pas représentés en chaque prise de semence. L'élévation de la dose stérilisante avec la quantité de semence provient d'une autre cause, d'ordre plus général.

Lorsqu'on met une quantité massive de levure en suspension dans un moût additionné de formol, celui-ci semble partiellement fixé par les globules; la teneur du liquide filtré en aldéhyde appréciable à la fuchsine décolorée par l'acide sulfureux diminue, et cette diminution, très supérieure à celle qui résulterait de la dilution si l'on remplaçait la levure par un égal volume d'eau, est trop brusque pour qu'on doive penser à une combustion. Pour préciser ces notions par des nombres immédiatement applicables à l'interprétation de ces phénomènes, il faut abandonner le formol, trop volatil et trop instable, et s'adresser à un antiseptique tel que le sulfate de cuivre, qui se comporte comme le formol et se prête mieux aux recherches.

L'aldéhyde formique ajoutée au lait retarde sa coagulation par la présure.

Les nombres suivants se rapportent à des expériences faites avec une solution neutre de formol à 40 degrés.

Temps de coagulation du lait témoin en minutes.	Formol en gr. p. litre.	R
13	1	2
27	0,8	1,7
27	1,6	∞
27	2,4	∞
65	0,8	1,8
65	5,2	très grand
65	1,6	∞

R représente le rapport qui existe entre les temps de coagulation du lait témoin et du lait antiseptisé.

Si la quantité de présure augmente, les doses nécessaires pour empêcher la coagulation s'élèvent (1).

(1) *Annales de l'Institut Pasteur*, 1894.

ACTION SUR LES MATIÈRES ALBUMINOÏDES.

J'avais signalé l'action remarquable de la formaldéhyde sur les matières albuminoïdes. J'ai fait observer que l'albumine de blanc d'œuf, sous l'action de l'aldéhyde formique, se transformait en une substance insoluble et indécomposable. En plongeant dans une solution d'aldéhyde formique des fragments de peau fraîche, on peut constater que la matière albuminoïde dont est composée celle-ci absorbe très rapidement l'aldéhyde, avec laquelle elle se combine (1). Voici de nouvelles expériences qui démontrent cette action.

Expériences démontrant l'action du formol
sur les matières albuminoïdes.

I. Sous une cloche, on place une capsule contenant quelques grammes de la solution commerciale de formol. Dans une autre capsule, on place de l'albumine provenant d'un œuf frais. Après dix jours, l'albumine se transforme, sans changement apparent, en une masse vitreuse extrêmement dure, insoluble dans l'eau et dans la plupart des réactifs.

II. Dans un verre à pied, on verse une solution formée, en partie égale, d'eau et de gélatine. Si l'on ajoute quelques gouttes de formol, la solution se prend instantanément en une masse transparente et insoluble.

III. On étend une solution de formol du commerce à 10 fois son volume et l'on y plonge un fragment de peau fraîche. Après trois à quatre jours, on peut constater, au moyen de l'eau d'aniline, que l'aldéhyde a été entièrement absorbée.

IV. L'expérience suivante est particulièrement remarquable.

(1) *Comptes rendus de l'Académie des sciences*, 30 mai 1892; *Id.* 1er août 1893.

Dans deux tubes à essai, on verse quelques centimètres cubes de sérum provenant du sang de bœuf. Dans l'un de ces deux tubes, on verse 2 gouttes de la solution d'aldéhyde à 40 degrés et, après avoir bien agité, on le porte, ainsi que l'autre tube, dans de l'eau bouillante. Ce dernier ne tarde pas à se coaguler, dès que sa température dépasse 70. Le tube contenant le formol *ne coagule pas*.

Bien plus, il peut supporter l'ébullition directe sans qu'il y ait de transformation apparente.

Ce phénomène semble donc être en contradiction avec la propriété que possède l'aldéhyde formique d'insolubiliser les matières albuminoïdes, puisque, dans ce cas, on empêche la coagulation et la précipitation par la chaleur. Pour en expliquer la raison, on peut supposer que ce phénomène contradictoire n'est qu'apparent ; l'albumine se trouverait insolubilisée, quoique dans un état spécial d'hydratation qui la maintient mélangée intimement avec l'eau, sans qu'on puisse la reconnaître à la simple inspection.

Nous verrons que cette propriété d'insolubilisation peut être utilisée pour suivre la marche de l'action des vapeurs de formol dans les opérations de désinfection.

Propriétés des matières albuminoïdes insolubilisées
par la formaldéhyde.

La gélatine insolubilisée par la formaldéhyde conserve, moins la solubilité, la plupart des autres propriétés physiques. Elle reste transparente et, tout en restant insoluble, elle jouit de la propriété de se gonfler considérablement sous l'influence de l'humidité. L'augmentation de volume dans l'eau peut atteindre cinq ou six fois celui de la gélatine insolubilisée.

A cet état fraîchement gonflé, elle est extrêmement friable et se réduit en miettes sous la pression du doigt. Chauffée dans de l'eau, les réactifs ne peuvent déceler dans celle-ci nulle trace de gélatine ou de formaldéhyde.

J'ai constaté, en instituant des essais comparatifs, que la gélatine pourrait être transformée en matière insoluble sans qu'il y ait une augmentation sensible de poids.

La gélatine ainsi transformée est insoluble non seulement dans l'eau bouillante, mais aussi dans l'acide acétique, l'acide sulfureux en dissolution, l'eau de chlore, l'eau de brome, l'alcool, l'ammoniaque et le carbonate de soude, même concentré.

Par contre, elle est désagrégée dans l'acide chlorhydrique, l'acide sulfurique, l'acide nitrique et la soude.

En traitant la gélatine insolubilisée à la formaldéhyde par divers réactifs, je ne suis pas parvenu à régénérer l'aldéhyde.

La gélatine et l'albumine ne sont pas les seuls albuminoïdes qui soient profondément transformés par la formaldéhyde; la diastase, la pepsine, la peptone, la pancréatine, semblent subir cette transformation.

La *diastase* en dissolution à 1 pour 100, traitée par quelques gouttes de formaldéhyde, *ne coagule plus par l'ébullition*. Elle est encore précipitée par l'alcool, mais par addition d'acide sulfurique, elle ne brunit pas. Le réactif de Millon, qui donne une coloration rose avec la solution de diastase, *donne une coloration jaune* si cette solution de diastase a été additionnée de formaldéhyde.

La *pepsine* donne avec l'acide sulfurique une coloration violette. Traitée par la formaldéhyde, elle ne donne plus aucune coloration avec cet acide. Le réactif de Millon donne une coloration jaune au lieu de la coloration rose caractéristique.

Les solutions de *peptone* et de *pancréatine* donnent aussi, avec la formaldéhyde, de nouvelles combinaisons qui diffèrent essentiellement des albuminoïdes premières par la différence de coloration que l'on obtient par le réactif Millon.

J'ajouterai aux observations précédentes que le *pancréas* ne détermine plus la putréfaction des matières albuminoïdes en présence de faibles traces de formaldéhyde.

————

La combinaison entre la formaldéhyde et les matières albuminoïdes, l'albumine, par exemple, doit probablement s'effectuer avec élimination d'eau. En cela, l'hypothèse est tout à fait conforme à la manière dont se comporte la formaldéhyde avec tous les composés organiques contenant de l'azote et au moins un hydrogène libre. C'est ainsi que nous avons les réactions suivantes :

Avec les amines grasses,

$$(CH^3)AzH^2 + CH^2O = (CH^3)Az : CH^2 + H^2O$$

Avec les amines aromatiques,

$$C^6H^5AzH^2 + CH^2O = C^6H^5Az : CH^2 + H^2O$$

Avec l'albumine, on peut supposer que le mécanisme de la réaction est analogue.

Que très peu de formaldéhyde suffise à insolubiliser des quantités notables d'albumine, cela n'a rien qui doive nous étonner : cela ressort de la considération des poids moléculaires de l'albumine et de la formaldéhyde. Tandis que le premier est très élevé, celui de la formaldéhyde est le plus simple de tous les dérivés oxygénés hydrocarbonés de la chimie organique.

Albumine : $\qquad C^{240}H^{387}Az^{65}O^{75}S^3 + H^2O = 6553$

Formaldéhyde : $\qquad CH^2O = 32$

On peut ajouter que la réaction n'est peut-être pas toujours aussi simple que celle indiquée dans l'équation ci-dessus. Le fait que des quantités variables de formaldéhyde peuvent s'unir à un même poids d'albumine prouve que la condensation peut être plus intime, en sorte que, si nous représentons par A la molécule d'albumine, moins un hydrogène, nous aurions pour l'albumine insolubilisée la formule suivante :

$$\begin{matrix} A \\ A \end{matrix} > CH^2$$
$$\begin{matrix} A \\ A \end{matrix} > CH^2$$
$$A \quad \text{etc.}$$

Les diverses observations que je viens de décrire méritaient d'être signalées : elles montrent que la formaldéhyde s'unit instantanément pour ainsi dire avec la matière albuminoïde *et dès lors s'explique l'insuccès des expériences qui ont eu pour but de démontrer la présence de la formaldéhyde à l'état libre dans les végétaux.*

Expériences sur la force de pénétration des vapeurs d'aldéhyde formique.
Application pour les études de désinfection.

Pour reconnaître le degré de la force de pénétration des vapeurs d'aldéhyde formique, j'ai utilisé la propriété qu'a ce corps d'insolubiliser la gélatine, ainsi que celle de transformer la fuchsine en une matière colorante bleue. Ces deux réactions sont très précieuses pour étudier et suivre la marche d'une désinfection.

1° *Emploi de la gélatine.* — On fait une dissolution d'une partie de gélatine dans une partie d'eau et, au moyen d'un pinceau, on badigeonne des petits carrés de verre de 3 à 4 centimètres de côté. Ces petits carrés sont disposés dans les diverses parties d'un local : au rez-de-chaussée, dans les étages supérieurs, soit librement exposés à l'action des vapeurs, soit renfermés dans des placards ou sous des objets formant obstacle. On reconnaît que les vapeurs d'aldéhyde formique ont atteint la gélatine en ce que celle-ci est devenue insoluble ; pour le voir, il suffit de plonger les petits carrés de verre dans l'eau bouillante. La pellicule se détache dans le cas d'insolubilisation.

2° *Emploi de la fuchsine.* — On teint, dans une dissolution de fuchsine, une petite bande d'étoffe de soie et on la coupe en carrés de 1 centimètre. Comme précédemment, ces échantillons sont placés sous différentes conditions et dans divers points de l'endroit dans lequel on expérimente. La transformation de la teinte rouge en une teinte bleu violet sera la preuve que les échantillons auront subi le contact des vapeurs aldéhydiques.

3° *Emploi combiné de la fuchsine et de la gélatine.* — On fait, comme dans le premier cas, une dissolution composée d'une partie de gélatine dans deux parties d'eau et on l'additionne avec quelques gouttes d'une solution de fuchsine. Pendant que le mélange est encore chaud, on le coule dans un cylindre de verre de 5 à 6 centimètres de diamètre et d'une hauteur égale à ce diamètre ; on pourrait aussi adopter toute autre forme. Le bloc de gélatine coloré en rouge est retiré du cylindre ; une fois refroidi, il peut servir pour les expériences. Si l'on soumet ce bloc à l'action des vapeurs d'aldéhyde formique, ses parties extérieures ne tardent pas à subir la transformation en violet bleu. Cette transformation est d'autant plus profonde que la durée d'action des vapeurs aura été plus longue et plus intense. En pratiquant des coupes dans le cylindre, la circonférence de démarcation entre les deux teintes donnera très nettement une indication claire et précise du degré de pénétration des vapeurs. On peut, par ce procédé, en disposant plusieurs blocs dans différentes parties d'un local, étudier si l'intensité d'action des vapeurs de formol est la même partout.

Action du formol sur certaines matières colorantes.

Dans un travail que j'ai présenté à l'Académie des sciences (1), j'ai signalé l'action de l'aldéhyde formique sur les dérivés colorants de la rosaniline. D'une manière générale, les couleurs qui subissent des transformations appartiennent à des groupes amidés dans lesquels un ou plusieurs atomes d'hydrogène sont libres. C'est ainsi que la fuchsine, la safranine subissent cette action. Il se forme une condensation avec élimination d'eau, et le résidu méthylénique vient se substituer à la place des hydrogènes.

On peut représenter cette réaction par la formule générale suivante, dans laquelle R représente un noyau chromophore.

La transformation a pour résultat de bleuter les matières colorantes rouges et de les nuancer de gauche à droite dans la disposition des raies du spectre : ce n'est donc pas une dégradation de couleurs, mais, au contraire, un renforcement avec modification dans la teinte. Observons que les teintures à la fuchsine et à la safranine sont rarement employées isolément.

Expérience sur l'inflammation des vapeurs de formaldéhyde.

Un point important et au sujet duquel on ne s'était pas préoccupé est la recherche de l'explosibilité des vapeurs de formol, les espaces destinés à être désinfectés par les vapeurs d'aldéhyde formique étant, à un certain moment, sursaturés par ces vapeurs.

Expérience. — Pour reconnaître et étudier le caractère explosif des vapeurs de formol, je me suis servi d'une cloche allongée, d'une contenance de 3 à 4 litres, et munie de contact électrique tout à fait assimilable à un eudiomètre. En introduisant dans cet eudiomètre des quantités variables de

(1) *Comptes rendus de l'Académie des sciences*, 1893.

vapeurs aldéhydiques et en y faisant passer l'étincelle électrique, je ne suis pas parvenu à déterminer une explosion. Bien plus, la présence des vapeurs aldéhydiques semble diminuer l'inflammabilité des vapeurs d'alcool méthylique (1).

Par contre, les vapeurs d'aldéhyde acétique, qu'on obtient avec la plus grande facilité au moyen de l'appareil formogène, sont extrêmement inflammables, et l'emploi de ce corps pourrait constituer un danger.

(1) *Province médicale*, 7 mars 1896.

CHAPITRE IV

Les appareils qui m'ont servi à produire les vapeurs d'aldéhyde formique dans les expériences qui vont être décrites plus loin sont de trois genres :

1° Appareils à capillarité (lampe formogène), fonctionnant par l'oxydation des vapeurs d'alcool méthylique ;

2° Appareil formogène à projection (oxydation d'un mélange de vapeur et d'alcool méthylique);

3° Autoclave formogène (régénération de la formaldéhyde gazeuse au moyen de la solution commerciale) ;

4° Appareil à entraînement des vapeurs de formaldéhyde par la vapeur d'eau.

Appareil à capillarité.

Le principe de la lampe à production de vapeurs aldéhydiques est connu depuis longtemps. Si, au-dessus d'une mèche imbibée d'alcool et préalablement allumée, on place une toile de platine, celle-ci continue à se maintenir rouge après l'extinction de la flamme. Ce phénomène est dû à l'oxydation de l'alcool en aldéhyde.

J'ai utilisé cette réaction et j'ai construit une série d'appareils reposant sur ce principe (1), et dont les premières appli-

(1) Le premier de ces appareils a été décrit dans les *Comptes rendus de l'Académie des sciences*, octobre 1894, et dans la *Presse médicale*, octobre 1894.

cations ont été publiées en 1894. Divers modèles du même genre ont été imaginés ensuite : tous reposent sur l'incandescence d'une toile de platine, provoquée par l'oxydation des vapeurs d'alcool méthylique.

Tous ces appareils à capillarité, qui peuvent donner des résultats satisfaisants lorsqu'il s'agit de la désinfection d'un

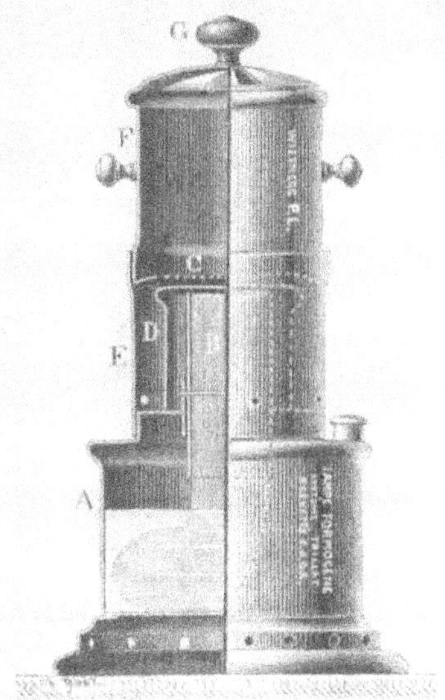

Appareil formogène à capillarité.

espace très restreint, tel que celui d'un placard, armoire, petit cabinet (voir les expériences des docteurs Fayollat et Folley[1]), deviennent absolument impraticables lorsqu'il s'agit de tenter une expérience dans un local d'une grande capacité.

On peut à la rigueur utiliser, comme je l'ai fait, un de ces appareils pour arriver à la destruction des germes patho-

[1] Folley et Fayollat, *loc. cit.*

gènes, désinfection presque complète dans un grand local ;
mais il faut que la température de l'espace dans lequel on
opère soit très élevée. Cette question de température joue,
en effet, un rôle considérable dans la réussite des expériences
faites avec de petites quantités de vapeurs d'aldéhyde formique.

C'est ainsi que des expériences faites par moi en été par
de fortes chaleurs, et répétées par le docteur Bardet et moi
l'hiver dernier, dans les mêmes conditions, n'ont donné que
des résultats incertains pour ne pas dire négatifs. (*Voir plus
loin l'article ayant trait à l'influence de la température.*)

M. Pottevin a, de son côté, très nettement signalé l'influence de la température sur le pouvoir microbicide des
vapeurs de formaldéhyde (1).

Des résultats un peu plus favorables furent obtenus en
accouplant plusieurs lampes sur un même récipient. L'appareil consistait en un simple récipient carré de 40 centimètres
de côté et 6 centimètres de hauteur, perforé de seize orifices
munis de mèches. Sur chaque mèche se trouvait une toile
de platine de 5 centimètres, retenue dans un cylindre. Les
mèches étant allumées, en plaçant les cylindres, l'extinction
de la flamme se produisait en même temps que l'incandescence apparaissait. Cet appareil, d'une extrême simplicité et
d'une construction facile, peut déjà rendre quelques services. Dans ce système, ainsi que dans les systèmes analogues, il est bon de noter que les toiles de platine finissent
par se désagréger à la longue.

Les vapeurs de formol dégagées par ces appareils à capillarité ne m'ont pas paru être produites en assez grandes
quantités pour pouvoir agir sur les germes avec le plus de
rapidité possible. Nous avons démontré, M. le docteur Berlioz
et moi, que le bacille du charbon et le bacille d'Eberth pou-

(1) *Annales de l'Institut Pasteur*, 1895, p. 796.

vaient être tués en vingt-cinq minutes par un courant d'air saturé de vapeurs de formol. La rapidité d'action est donc en rapport avec la quantité de vapeur produite.

Appareil formogène à projection.

D'après ce que je viens de dire précédemment, il résulte que l'emploi du système à capillarité ne peut présenter aucune garantie pour atteindre sûrement les germes pathogènes d'un grand local. Comme je l'ai fait remarquer, la cause en est due à la faible quantité de vapeurs produites dans un temps donné. Dans le but d'augmenter cette rapidité d'action, j'ai supprimé la capillarité et je l'ai remplacée en construisant un appareil formé d'un récipient d'alcool méthylique traversé par un courant d'air comprimé. Cet air, saturé de vapeurs méthyliques, s'échappait par plusieurs petits orifices, en face desquels se trouvaient de petites rondelles de platine ou de toiles de cuivre rouge. Ces rondelles furent remplacées par des rouleaux cylindriques de toile métallique, et enfin, au lieu d'employer l'air comprimé pour entraîner l'alcool, j'ai trouvé plus commode l'emploi du principe que j'avais décrit en 1889 pour la préparation industrielle de l'aldéhyde formique (1).

Supposons un jet alcoolique s'échappant d'un orifice capillaire et s'élançant dans l'air : à sa sortie, ce jet affecte la forme d'un cône dans lequel l'air se trouve en proportion d'autant plus grande que la zone se trouve plus éloignée du sommet. On a donc dans l'application de ce principe un bon moyen de mélanger l'alcool et l'air dans des proportions déterminées selon la distance à laquelle on oxydera ce mélange. Tel est le principe de l'appareil avec lequel ont été exécutées les expériences décrites plus loin.

L'appareil se compose d'un récipient en cuivre de 8 à

____

(1) Voir page 6.

10 litres de capacité destiné à recevoir l'alcool méthylique : ce récipient est chauffé par bain-marie. A la partie supérieure du récipient sont fixés un certain nombre de tubes en cuivre fermés à leur extrémité extérieure, mais présentant un ou plusieurs orifices capillaires. Sur chacun de ces

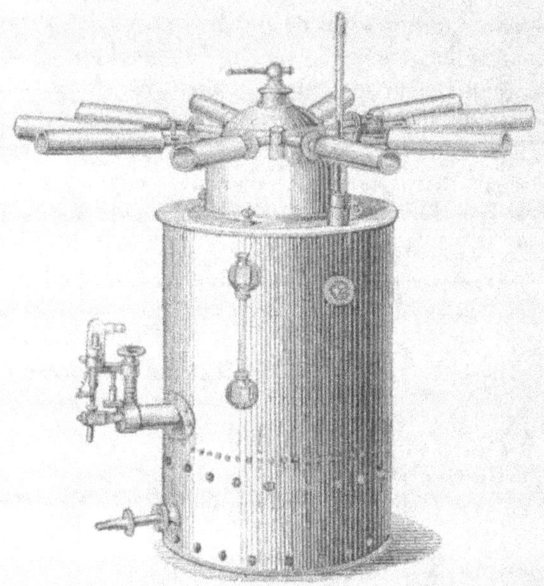

Appareil formogène à projection.

tubes glisse un système cylindrique, muni d'un régulateur à air en cuivre, qui contient dans son intérieur, sous forme de rouleau ou de spirale, la substance destinée à oxyder les vapeurs d'alcool méthylique. Comme substance, on peut employer du coke, du charbon de cornue, une toile métallique quelconque, de l'amiante platinisée, etc.

Dans cet appareil, on emploie des rouleaux de diverses toiles de cuivre, disposées d'une manière spéciale dans un cylindre de charbon de cornue renfermé lui-même dans le cylindre de cuivre. Pour faire fonctionner l'appareil, on remplit le récipient aux trois quarts d'alcool méthylique et on le porte à une légère ébullition. Les vapeurs alcooliques sortent par les orifices capillaires des tubes sous forme d'un ou plusieurs jets qui entraînent mécaniquement de l'air par l'ouverture du régulateur. Si par l'ouverture du régulateur d'air on présente une flamme au jet d'alcool, celui-ci brûle, mais ne tarde pas à s'éteindre en ouvrant davantage le régulateur. On peut, à ce moment, constater que si la flamme a disparu, les toiles métalliques sont restées incandescentes; cette incandescence subsiste tant que les vapeurs d'alcool sont projetées par les orifices.

L'appareil peut aussi fonctionner par entraînement d'air. Dans ce but, le récipient en cuivre est muni d'un orifice dans lequel on introduit un tube de verre en communication avec un récipient d'air comprimé. Dans son passage à travers l'alcool, ou même en disposant le tube d'air en dessus de la couche d'alcool, l'air se sature, sort par les orifices et s'oxyde comme précédemment; ce procédé permet d'éviter le chauffage, mais l'oxydation est un peu plus longue.

L'appareil ainsi modifié fonctionne sans plus de risque d'explosion ou d'extinction que précédemment. Il pourrait être utilisé spécialement quand les locaux à désinfecter ne seront pas munis d'une installation à gaz.

Selon que la température est plus ou moins élevée, on peut oxyder plus ou moins d'alcool; cette quantité varie aussi avec le nombre des jets vaporisateurs (1).

(1) Il n'est pas nécessaire que les jets pulvérisateurs soient disposés sur l'appareil même. On peut conduire les vapeurs d'alcool dans un tube sur lequel sont disposés, à la suite les uns des autres, les cylindres d'oxydation. De cette manière, l'appareil est, pour ainsi dire, en deux parties distinctes.

Appareil pour la régénération des vapeurs de formaldéhyde
gazeuse.

A côté de l'intérêt que présente l'appareil précédent qui permet de produire directement la formaldéhyde gazeuse, en partant de l'alcool méthylique, j'ai cherché le moyen de régénérer les vapeurs de formaldéhyde en utilisant la solution commerciale de ce corps (1). Ce problème, si simple en apparence, n'avait pu être résolu jusqu'à maintenant. Le procédé qui vient d'abord à l'esprit consisterait à évaporer directement une solution d'aldéhyde. Mais il se produit, dès que la concentration dépasse 40 pour 100, un polymérisation qui augmente au fur et à mesure de cette concentration ; finalement, on obtient un résidu qui se solidifie et finit par brûler. Cela explique les insuccès obtenus par Philipp (2). D'autre part, Bardet a démontré l'impossibilité de stériliser une pièce de moyenne capacité en pulvérisant des quantités considérables de solution (3).

J'avais constaté (4), et c'est déjà un fait intéressant, que la vapeur d'eau surchauffée pouvait, en passant dans une solution de formaldéhyde contenant un sel neutre en dissolution, entrainer rapidement les vapeurs aldéhydiques. Quatre à cinq heures de passage de vapeur d'eau dans une solution de formol suffisent pour saturer un espace d'environ 700 mètres

(1) Cette recherche était justifiée par l'abaissement considérable du prix de revient de la formaldéhyde. Pour la stérilisation d'un espace donné, avec l'appareil d'oxydation comparativement à l'autoclave formogène, le poids de l'alcool méthylique doit être, pour le premier, trois ou quatre fois plus grand que le poids de la formaldéhyde pour le second. Il s'ensuit, d'après les prix de l'alcool méthylique et de la formaldéhyde, que les dépenses sont à peu près les mêmes dans l'emploi des deux systèmes. Tel n'était pas le cas, il y a quelques années, le prix de vente de la formaldéhyde étant de 40 à 50 francs le kilogramme.

(2) *Münchner med. Wochenschrift*, 1895.

(3) *Bulletin de thérapeutique*, mai 1895.

(4) Trillat, *Comptes rendus de l'Académie des sciences*, février 1896.

cubes, au point de stériliser, après dix-huit heures de contact, les germes pathogènes disposés dans les diverses parties du local. Toutefois, cette méthode avait l'inconvénient de laisser une odeur un peu persistante. D'après un examen attentif que j'ai fait à ce sujet, j'ai attribué cette persistance d'odeur à l'adhérence de produits condensés contre les parois des murs, après l'évaporation de l'humidité provenant de la vapeur d'eau.

« Mais le problème de la transformation directe de la solution de formaldéhyde en vapeurs est atteint avec la plus grande facilité en se basant sur le principe suivant : la solution de formaldéhyde, chauffée dans un autoclave, sous une pression de 3 à 4 atmosphères, laisse dégager ses vapeurs sans formation de produit polymérisé. L'addition d'un sel neutre favorise la régénération. Au moyen de cet appareil, j'ai exécuté des expériences, dont on trouvera le détail plus loin, et qui ne laissent aucun doute sur l'action microbicide des vapeurs ainsi obtenues ».

Description de l'appareil et mode d'emploi.

L'appareil se compose d'un autoclave dont la forme est un peu plus allongée que celle des modèles ordinaires. Il est en cuivre ; l'épaisseur de ses parois est d'environ 12 millimètres ; le formol n'ayant aucune action sur les métaux, l'émaillage intérieur de l'autoclave devient inutile.

Le couvercle de l'autoclave affecte la forme du couvercle d'un autoclave à stériliser ; il est maintenu serré au moyen de boulons articulés.

Le corps de l'autoclave repose sur un cylindre en tôle, dans lequel il s'enfonce aux deux tiers de sa hauteur. Le chauffage est obtenu soit par une rampe concentrique de gaz, soit par le pétrole. Dans le premier cas, sur l'un des pieds du cylindre, se trouve fixée la tige du brûleur qu'on peut élever ou diminuer à volonté au moyen d'une vis de réglage. Le chauffage au pétrole se pratique au moyen d'un simple réchaud mis en communication avec un récipient de pétrole destiné à l'alimentation.

A la partie supérieure du couvercle se trouvent fixés un manomètre, une soupape de sûreté, une ouverture destinée à l'introduction du liquide dans l'appareil et le tube de dégagement de vapeurs de formol. Ce tube est disposé sur le côté

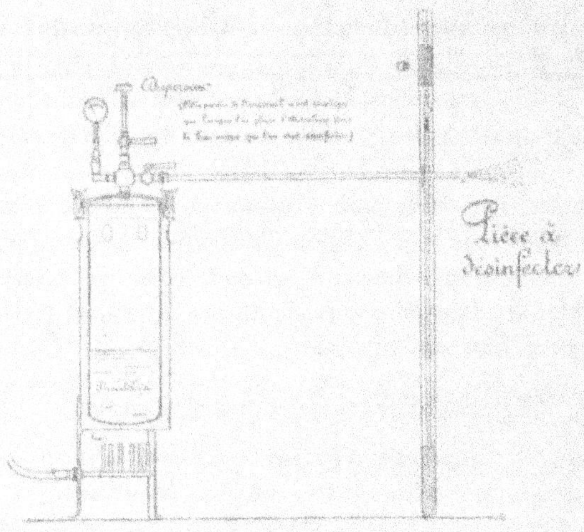

Autoclave formogène.

du couvercle ; il s'élève à une faible hauteur, puis devient horizontal ; la partie horizontale a une longueur d'environ 50 centimètres. Le diamètre intérieur de ce tube est de 4 millimètres ; il est mis en communication avec l'autoclave au moyen d'un robinet.

Fonctionnement de l'appareil. — Pour faire fonctionner l'appareil, on introduit, dans l'intérieur de l'autoclave, le mélange de chlorure de calcium et de formol. Ce mélange est

préparé préalablement de la manière suivante. On broie
200 grammes de chlorure de calcium et on l'humecte avec la
même quantité d'eau ; on obtient ainsi une liqueur sirupeuse,
qu'on mélange avec 1 kilogramme de la solution de formol
à 4 pour 100. Lorsqu'on en aura la facilité, il sera encore
préférable de dissoudre directement le chlorure de calcium
dans la solution commerciale de formol. Cette manipulation
demande quelques précautions : il faut avoir soin de broyer
préalablement le chlorure ; la dissolution se fait à douce température, en ajoutant peu à peu le chlorure de calcium, afin
d'éviter une brusque élévation de température. Cette opération doit être faite sous une hotte munie d'une bonne chemi-
née de tirage.

A défaut de chlorure de calcium, on pourra se servir du
sel marin, qui déshydrate la solution d'aldéhyde formique
avec moins d'activité que le chlorure de calcium, mais qui
facilite encore sensiblement l'entraînement du gaz.

Le chlorure de calcium à l'état sec ne doit pas être placé
directement dans l'autoclave avec le formol sans que le
chauffage ait lieu avec de grandes précautions. Sans l'observation de cette prescription, le liquide s'échauffe considérablement, mousse et ne tarde pas à venir obstruer les orifices
du manomètre et du tube de dégagement.

L'autoclave ne doit jamais être rempli avec le mélange
de formol et de chlorure de calcium ; environ un quart de
la capacité de l'autoclave formogène doit être vide.

La quantité nécessaire de liquide ayant été introduite dans
l'autoclave, on chauffe soit par le gaz, soit par le pétrole. On
a soin, lorsque l'autoclave est chaud, de resserrer les boulons
afin de ne pas être incommodé par les fuites. La première
commence généralement à monter après une demi-heure
de chauffage, dans le cas où l'on se sert du gaz, et, environ
après une heure, lorsqu'on emploie le réchaud à pétrole.
Lorsqu'on a atteint la pression de 3 atmosphères, on ouvre

avec beaucoup de précaution le robinet de dégagement ; les vapeurs de formol se précipitent sous forme de vapeurs blanches, qui se dispersent rapidement dans l'atmosphère. On peut constater que ces vapeurs sont sèches en plaçant un linge sur la trajectoire du jet de vapeurs de formol. Après dix minutes, les vapeurs ont déjà atteint les points extrêmes du local dans lequel l'appareil est placé.

La durée du fonctionnement de l'appareil est naturellement proportionnée à la grandeur du local à désinfecter et aussi à la pression à laquelle on soumet le liquide dans l'autoclave. Une heure de fonctionnement est plus que suffisante pour fournir les vapeurs capables de stériliser les germes pathogènes d'une pièce d'une capacité de 100 mètres cubes.

Durée de fonctionnement. — Le plus ou moins de durée de fonctionnement de l'appareil a une importance considérable au point de vue pratique.

Si le même appareil peut, dans une même journée, être utilisé plusieurs fois, on réduit par cela même considérablement le nombre du personnel et les frais qui y incombent, ainsi que l'achat et l'entretien de plusieurs appareils. Il est bien évident que, si l'on peut faire en un jour la besogne et le travail de trois jours, on aura trois fois moins de dépenses.

Je me suis constamment préoccupé de diminuer la durée de fonctionnement de l'appareil. Les facteurs qui interviennent dans cette question sont :

1° La grandeur du local à désinfecter et, par suite, la quantité de liquide à traiter ;

2° La température ou, ce qui revient au même, la pression ;

3° Le nombre de jets pulvérisateurs.

L'influence de la quantité de formol à régénérer sur la durée de la marche de l'appareil se comprend sans peine et je n'insiste pas sur ce point.

La température et le chauffage prolongé ont pour objet d'augmenter la pression. En un temps donné, la quantité de vapeur de formol produite varie avec cette pression. La pression à 1 atmosphère ne donne qu'un dégagement lent ; d'autre part, l'emploi d'une haute pression présente des inconvénients nombreux. La pression uniforme de 3 atmosphères à 3 atmosphères et demie m'a paru suffisante pour le but proposé.

Le nombre de jets multiplie la production de vapeurs de formol. Pour une même quantité de solution de formol à traiter, la durée de fonctionnement diminuera d'autant plus que le nombre de jets pulvérisateurs sera plus considérable. Dans ce cas, l'intensité du chauffage doit être augmentée.

Un autoclave formogène muni de quatre jets fournit, en une heure, la quantité de formol nécessaire à la saturation d'un local de plus de 500 mètres cubes.

En résumé, le principe de l'appareil de l'autoclave formogène permet de résoudre complètement le problème qui consiste à utiliser le même appareil pour plusieurs opérations de désinfection dans la même journée.

Placement de l'appareil. — L'autoclave formogène peut indifféremment être placé soit dans l'intérieur du local à désinfecter, soit à l'extérieur même. (Voir fig. p. 74.)

D'une manière générale, il est préférable que l'appareil soit placé en dehors du local à désinfecter. Et voici les raisons qui justifient cette disposition :

1° La surveillance de l'appareil est plus facile à faire, puisqu'on n'a pas à entrer dans la pièce à désinfecter ;

2° L'appareil peut se charger avec beaucoup plus de facilité, puisqu'il se trouve sous la main ;

3° On évite le dégagement de vapeur d'aldéhyde formique dans le voisinage, qui proviendrait des rentrées et sorties de l'opérateur, dans le local saturé de ces mêmes vapeurs.

L'appareil, dans ce cas, se place à 20 centimètres en

dehors de la porte d'entrée de la maison à désinfecter.

Au moyen d'un petit orifice de 2 à 3 millimètres de diamètre, on fait passer le tube de dégagement de l'autoclave formogène. L'opérateur se tient dans le voisinage de l'appareil, dont la marche est réglée comme il a été indiqué plus haut. Selon le genre et la disposition du local à désinfecter, on peut placer l'appareil contre une fenêtre ou contre une paroi dans lesquelles on pratique l'orifice au moyen d'une petite vrille. On peut encore, pour éviter l'inconvénient de ce forage à travers une porte épaisse, poser le tube de dégagement de l'autoclave formogène dans l'espace vide de la serrure, préalablement déplacée. Pour éviter tout dégagement d'odeur dans le voisinage de l'opération, il est bon de coller le long des joints de la porte des listes de papier. Il n'est pas nécessaire de pratiquer cette opération pour les portes et fenêtres dans le voisinage immédiat desquelles ne se trouvent pas des appartements habités.

Lorsqu'il s'agit de la désinfection d'un local de petite capacité, comme, par exemple, de celle d'une chambre de 40 à 60 mètres cubes, l'opération est très simplifiée; on porte l'autoclave, garni de son formol, à une température nécessaire pour que sa pression atteigne 3 ou 4 atmosphères. Il est ensuite directement placé dans l'intérieur de la chambre. On l'y abandonne, après avoir eu soin d'ouvrir le robinet de dégagement. Après vingt-cinq minutes, l'appareil est retiré et peut être utilisé pour d'autres opérations. La porte est soigneusement fermée et ses orifices bouchés soit par de la ouate, soit par des listes de papier. Ainsi que je l'ai fait remarquer déjà, on peut, pour combattre l'odeur des vapeurs de formol, employer l'ammoniaque. Il suffira de placer l'ammoniaque dans un récipient plat.

L'appareil à entraînement par la vapeur d'eau sera décrit plus loin.

CHAPITRE V

EXPÉRIENCES DE DÉSINFECTION

FAITES EN COLLABORATION AVEC M. LE DOCTEUR BARDET.

Expériences de désinfection en grand au moyen de l'appareil à production de vapeurs de formaldéhyde. — Expérience dans un local de plain-pied. — Expérience dans un local en étage. — Conclusions. — Expériences faites au Val-de-Grâce. — Influence de la vapeur d'eau.

Les expériences qui vont être décrites ont été faites en collaboration, avec M. le docteur Bardet et moi.

Une note plus détaillée à ce point de vue et relatant les principales expériences a été publiée dans le *Bulletin de thérapeutique* (15 mai 1895 [1]).

Marche générale.—Les expériences ont été dirigées de telle manière qu'elles se rapprochent le plus possible de la pratique. On peut même dire qu'elles n'en sont que la reproduction.

Nous avons employé l'appareil formogène à projection, page 70.

Comme microbes pathogènes, on a choisi le charbon, le bacille de Koch, le bacille de Loefler, le staphylocoque doré. Des cultures virulentes de ces microbes ayant été éprouvées, on les a distribuées sur de petits carrés de linge au moyen du compte-gouttes et ces linges ont été ensuite séchés à l'étuve.

Le choix des appartements à expériences a varié; on a

(1) Voir aussi la *Revue d'hygiène et de police sanitaire*, 25 août 1895.

opéré tantôt dans un local de plain-pied, tantôt dans un local à étages. Les linges et objets infectés ont été placés à divers endroits, tantôt sur le sol, tantôt à une certaine hauteur, tantôt à proximité de l'appareil, tantôt à une grande distance. Les cheminées étaient grossièrement bouchées ; les fenêtres fermées, sans qu'il fût nécessaire d'y faire des jointures. L'appareil était mis en marche à huit heures du matin ; il fonctionnait un nombre d'heures variable.

Pour faire les prises d'essais, on a employé pour pénétrer dans les pièces un masque de caoutchouc avec récipient muni d'un tube d'air pour la respiration et semblable à celui dont se servent les pompiers.

Les expériences ont été ainsi disposées :

1° *Expériences dans un local de plain-pied ;*

2° *Expériences dans un local disposé en étages ;*

3° *Expériences dans un appartement muni de tous ses objets mobiliers.*

Dans le cours de ces expériences, on s'est appliqué à faire des observations sur l'action de l'humidité et sur son influence sur l'énergie antiseptique des vapeurs de formol ; la durée minima d'action nécessaire pour une désinfection absolue des germes pathogènes ; l'influence de la nature et de la disposition des objets infectés ; l'influence de la nature des germes soumis à l'action du formol.

1° EXPÉRIENCES DANS UN LOCAL DE PLAIN-PIED.

Série A ; 10 essais. — Une partie seulement du local a été utilisée dans cette expérience. L'appareil a été placé dans le salon ; on a opéré en présence des bacilles salivaires, des bacilles des eaux d'égout et du charbon.

La durée d'exposition des essais a été de neuf heures.

Alcool méthylique brûlé : 6 litres.

Dimension du local : 150 mètres cubes.

Température : 13 degrés.

Observations sur les liquides de culture (1).

	2 jours.	10 jours.	15 jours.
Charbon (4 essais)............	rien	rien	1 M. T.
Bacilles salivaires (3 essais)..	rien	rien	rien
Eaux d'égout (3 essais)......	rien	1 Ms.	2 Ms.

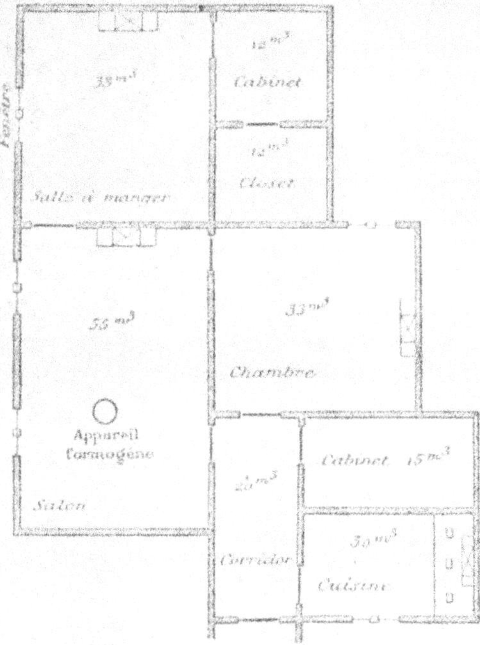

Inoculations. — Aucune inoculation n'a été pratiquée à la suite des expériences de cette série.

Séries B et C ; 15 essais. — Même disposition que précédemment. Dans cette expérience, j'ai opéré sur le charbon, le bacille de Koch et le bacille de Lœfler.

La durée d'exposition des essais a varié de deux à neuf heures.

(1) Ms. signifie moisissure ; T., trouble ; M. T., moisissure avec trouble.

Alcool méthylique oxydé : 6 litres.

Dimension du local : 150 mètres cubes.

Température : 14 degrés.

Observations sur les liquides de culture.

	2 jours.	10 jours.	15 jours.
Charbon (4 essais).............	rien	rien	rien
Bacille de Koch (4 essais).....	rien	2 lég. Ms.	2 Ms.
Diphtérie (5 essais)...........	rien	1 Ms.	1 M.T.

Inoculations. — Quatre animaux ont été inoculés, dont trois avec des cultures de charbon ainsi exposées et un avec les cultures de bacilles salivaires.

Un des animaux inoculés avec le charbon a succombé, mort par affection typhique. Il ne présentait pas de bactéridie dans le sang.

L'animal inoculé avec l'épreuve du charbon ayant subi seulement deux heures de contact avec les vapeurs de formol, n'a pas succombé.

Série D ; 12 essais. — La durée d'exposition des essais a varié de six à neuf heures.

Alcool brûlé : 6l,500.

Dimension du local : 150 mètres cubes.

Température : 15 degrés.

Observations sur les liquides de culture.

	2 jours.	10 jours.	15 jours.
Charbon (4 essais)...........	rien	rien	1 M.T.
Bacille de Koch (4 essais)....	rien	rien	rien
Diphtérie (4 essais).........	1 lég. Ms.	1 Ms.	2 M.T.

Quatre inoculations ont été pratiquées vingt jours après la culture des épreuves.

Deux des bouillons inoculés présentaient un léger trouble.

Un des animaux inoculés avec de la diphtérie a succombé, mort de septicémie. L'inoculation du sang à d'autres animaux n'a pas reproduit le bacille de Lœfler, mais a donné la septicémie.

Aucun des animaux inoculés avec les autres cultures, prises au hasard, n'a succombé.

Série E ; 12 essais. — Mêmes dispositions que précédemment. La durée d'exposition des essais a varié de sept à neuf heures.

Alcool brûlé : 7 litres.

Dimension du local : 150 mètres cubes.

Température : 14 degrés.

Opérations sur les liquides de culture.

	3 jours.	10 jours.	15 jours.
Charbon (4 essais).............	rien	rien	rien
Bacille de Koch (4 essais)......	rien	2 lég. Ms.	2 M.T.
Diphtérie (4 essais)............	rien	1 lég. Ms.	2. lég. Ms.

Six inoculations ont été pratiquées avec des épreuves de tuberculose, diphtérie et charbon. Aucun animal n'a succombé.

Un des animaux inoculés avec l'épreuve de tuberculose, a été sacrifié et trouvé sain.

Série F ; 16 essais. — Dans cette série, les expériences ont été faites sur la totalité du local : opéré comme précédemment sur le charbon, les bacilles de Koch et de Lœfler, et en outre sur le staphylocoque doré.

La durée d'exposition des essais varie de trois à neuf heures.

Alcool oxydé : 5 litres.

Dimension du local : 270 mètres cubes.

Température : 12 degrés centigrades.

Observations sur les liquides de culture.

	5 jours.	10 jours.	15 jours.
Charbon (4 essais)..........	rien	rien	rien
Diphtérie (4 essais)........	rien	1 lég.Ms.	1 lég.Ms.
Staphylocoque (4 essais)....	1 lég.Ms.	1 lég.Ms.	2 M.T.
Bacille de Koch (4 essais)...	rien	rien	rien

Six animaux ont été inoculés avec des essais de diphtérie, de charbon et de tuberculose. Aucun n'a succombé.

Les deux animaux inoculés par la tuberculose ont été sacrifiés après un mois et demi et trouvés sains.

Série G ; 12 essais. — Les expériences suivantes ont eu pour but d'examiner si la nature des objets pouvait exercer une influence retardatrice sur l'action antiseptique des vapeurs de formol. Dans ce but, des objets de natures diverses, papiers, peluches, bois, etc., ont été trempés dans des cultures virulentes de charbon, de bacilles de Lœffer et de Koch, ainsi que dans des cultures de staphylocoques. Ces objets ainsi infectés ont été placés dans les diverses pièces du local, notamment dans les parties les plus éloignées de l'appareil.

La durée d'exposition des essais a varié de trois à neuf heures.

Alcool brûlé : 6 litres.

Dimension du local : 210 mètres cubes.

Température : 16 degrés.

a) *Objets en bois :*

4 essais sur charbon, diphtérie, crachats tuberculeux et staphylocoque.

b) *Papiers de natures diverses :*

4 essais, comme précédemment.

c) *Peluches de natures diverses :*

4 essais, comme précédemment.

Après vingt jours d'observation, aucun des objets en bois infectés n'avait donné de trouble ou de moisissure dans les bouillons de culture. Les papiers et les peluches ont donné, sur les 8 essais, 6 bouillons absolument clairs et 2 bouillons troubles avec moisissures.

Deux inoculations (tuberculose et diphtérie) ont été faites ; aucun animal n'a succombé.

Série II ; *8 essais*. — Dans cette série, des petits tas de poussière ont reçu au compte-gouttes des quantités minimes de bouillons virulents. Des objets de même nature que précédemment ont été badigeonnés avec cette poussière contaminée.

La durée d'exposition a été de dix heures.

Alcool oxydé : 6 litres.

Dimension du local : 210 mètres cubes.

Température : 15 degrés.

	2 jours.	10 jours.	15 jours.
Charbon (2 essais)............	rien	rien	1 lég.Ms.
Bacille de Koch (2 essais)	rien	2 lég.Ms.	M. T.
Diphtérie (3 essais)..........	rien	rien	rien
Staphylocoque (1 essai)......	rien	1 M.T.	1 M.T.

Six inoculations ont été pratiquées avec les bouillons pris au hasard provenant de ces essais. Aucun animal n'a succombé.

2° EXPÉRIENCES DANS UN LOCAL DISPOSÉ EN ÉTAGES.

J'avais déjà démontré (1) que l'action des vapeurs de formol s'exerçait dans tous les sens. Pour cela j'avais disposé des essais à différentes hauteurs dans une salle et fait agir les vapeurs de formol pendant vingt-quatre heures. J'ai répété cette expérience sur un vaste local : les résultats ont été à peu près les mêmes que précédemment.

La hauteur de l'appartement était de 16 mètres : les deux étages communiquaient par un escalier très étroit. Le nombre

(1) *Comptes rendus*, octobre 1894.

total des pièces était de 7, cubant plus de 300 mètres cubes. L'appareil a été placé au rez-de-chaussée, devant l'escalier. Des linges infectés ont été placés dans chaque pièce.

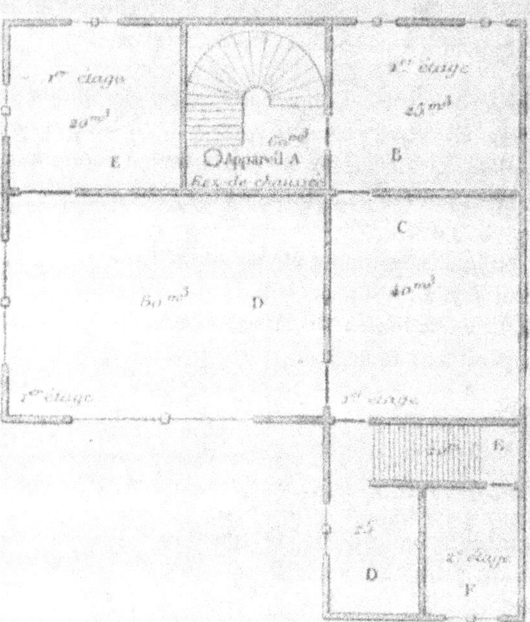

Série A ; 6e essais. — La durée d'exposition des essais a été de neuf heures.

Alcool brûlé : 6 litres.

Dimension du local : 310 mètres cubes.

Température : 16 degrés.

Observations sur les liquides de culture.

	2 jours.	10 jours.	20 jours.
Charbon (6 essais) . .	rien	1 lég. Ma.	1 lég. Ms. 1 M. T.

Inoculations. — Trois inoculations ont été faites ; aucun animal n'a succombé.

Série B ; 6 essais. — Mêmes conditions d'expériences. Trois inoculations : aucun animal n'a succombé.

3° EXPÉRIENCES SUR LES OBJETS.

Cette expérience a eu pour but d'étudier l'action des vapeurs de formol sur le plus grand nombre d'objets, au point de vue de la dégradation. J'avais déjà démontré que les étoffes et l'argenterie n'éprouvaient aucune détérioration ; j'avais cependant fait la remarque que les teintures à la fuchsine et à la safranine bleuissaient. Mais il restait à expérimenter sur un grand nombre d'objets. L'expérience la plus décisive consistait à coup sûr à désinfecter un appartement complet muni de tous ses objets.

L'appartement sur lequel j'ai expérimenté contenait dix pièces d'une contenance totale de 400 mètres cubes. L'appareil a été placé dans l'antichambre et a fonctionné neuf heures ; l'alcool oxydé a été de 8 litres. Des épreuves ont été placées aux extrémités de l'appartement ; disons de suite qu'elles se sont comportées comme dans les expériences précédentes, lorsqu'on les mit dans les bouillons stérilisés.

Dans l'appartement se trouvaient réunis tous les objets qui constituent un intérieur confortable et luxueux. Un examen attentif a été passé de chaque objet après la désinfection ; on n'a pu observer la moindre dégradation. Les teintures des tentures, tissus, et tapis de soie, laine et coton, n'ont pas bougé ; les objets dorés tels que les cadres de tableaux, l'argenterie, le cuivre, n'ont subi aucune atteinte. Les peintures ont parfaitement résisté. Les vapeurs d'alcool méthylique qui se dégagent de l'appareil en même temps que les vapeurs de formol, auraient pu avoir quelque action sur les vernis des meubles ; il n'en a rien été, et en particulier le vernis Martin a parfaitement résisté.

CONCLUSIONS

En résumé, la désinfection avec les vapeurs de formol a porté sur des appartements disposés soit de plain-pied, soit en étages, d'une dimension de 100 à 400 mètres cubes.

1° Les principaux germes soumis aux expériences ont été le charbon, le bacille de la diphtérie, le bacille de Koch, le staphylocoque pyogène; ils ont été placés dans des conditions différentes et variées selon les expériences.

2° La durée du contact des vapeurs aldéhydiques a varié de deux à neuf heures, l'alcool méthylique brûlé a été de 5 à 8 litres.

3° Cent quatre-vingt-dix épreuves ont été mises en observation et trente-cinq inoculations ont été faites, 5 à 6 pour 100 des cultures se sont plus ou moins troublées après quinze jours; en outre, quelques-unes ont donné une pellicule superficielle; sauf un cas considéré comme douteux, les inoculations n'ont été suivies d'aucun phénomène morbide.

Le résultat des inoculations des bouillons *même troubles*, fait supposer que les microbes pathogènes ont été tués.

Pour désinfecter ou pour pratiquer des expériences de désinfection dans un appartement au moyen de l'appareil à dégagement de vapeurs de formol, on pourra suivre les prescriptions suivantes :

L'appartement sera préalablement chauffé lorsqu'on le pourra, les portes intérieures seront ouvertes, les fenêtres simplement fermées sans joints spéciaux, les orifices des cheminées bouchés.

Les linges seront dépliés et étendus. L'appareil sera placé de préférence dans la pièce le plus en contre-bas; dans une maison isolée on le placera dans l'escalier. La quantité d'alcool méthylique à oxyder sera calculée à raison de 2 à 3 litres par 100 mètres cubes.

Il est bon de faire remarquer que la désinfection par les

vapeurs de formol s'exerce mal en présence d'un très grand excès d'humidité. (Une couche mince de liquide infecté n'est pas stérilisée par les vapeurs de formol.)

Les expériences que je viens de décrire méritaient d'être reprises en faisant varier les conditions, surtout au point de vue de l'action particulière des vapeurs de formol sur les spores pathogènes résistantes.

EXPÉRIENCES DU VAL-DE-GRACE

Une commission présidée par M. le docteur Vaillard, professeur au Val-de-Grâce, fut nommée en juillet 1895 par M. le ministre de la guerre, ayant pour but d'examiner la valeur de ma méthode de désinfection par les vapeurs de formaldéhyde. Le mémoire qui résulte de cette étude sera publié dans une revue spéciale. Je me bornerai ici à exposer très brièvement la méthode suivie dans le courant de ces expériences, en priant le lecteur de bien vouloir se reporter au mémoire original de la commission, qui sera ultérieurement publié.

Je tiens à signaler ici que les critiques et les observations de M. le docteur Vaillard, principalement en ce qui concerne l'importance du placement de l'appareil de désinfection en dehors du local à désinfecter, ont beaucoup contribué par la suite à l'amélioration des appareils formogènes.

Les expériences faites dans les salles du Val-de-Grâce furent au nombre de cinq :

1° Expérience dans un petit local avec l'appareil formogène à oxydation (juillet 1895) ;

2° Même expérience (novembre 1895) ;

3° Expérience dans une salle d'environ 650 mètres cubes avec l'appareil formogène à oxydation ;

4° Expérience dans le même local avec entraînement des vapeurs de formaldéhyde par la vapeur d'eau ;

5° Expérience dans le même local avec l'autoclave formogène.

Nature des germes employés.

Spores du tétanos, septicémie, charbon sporulé, streptocoques, staphylocoque, bacille de Lœffler, bacille de Koch, coli, pneumocoque ;

Et en outre les matériaux pathogènes suivants :

Crachat simple, crachat tuberculeux, matières fécales, sang charbonneux et poussières contaminées.

Disposition des essais.

Les épreuves consistaient en divers objets contaminés par des cultures virulentes. Ces objets ont été distribués dans des cristallisoirs ou dans des tubes à essai très allongés : dans

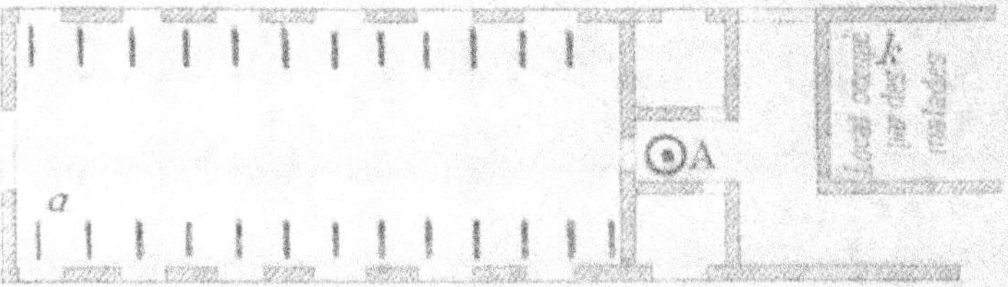

Expérience de désinfection dans une des grandes salles des contagieux du Val-de-Grâce. L'appareil est en A.

les trois premières expériences, les épreuves ont été placées à des hauteurs différentes (sol, mi-hauteur, plafond). Dans les deux dernières expériences, elles furent disposées à l'extrémité de la salle à désinfecter, en *a*, ainsi que le montre la figure.

Les deux premières expériences furent faites au moyen de l'appareil formogène à oxydation déjà décrit précédemment et déjà utilisé dans les expériences de Bardet et moi.

La durée du fonctionnement, la quantité d'alcool méthylique employée furent les mêmes, toutes proportions gardées. Les prélèvements eurent lieu le jour même de l'opération et le lendemain.

La troisième expérience fut faite avec deux appareils formogènes accouplés dans le local de 650 mètres cubes : quantité d'alcool brûlé, environ 12 litres; durée de fonctionnement des appareils, huit heures.

Essai en présence de la vapeur d'eau.

J'avais, dans des notes antérieures, émis l'idée que l'humidité ou la vapeur d'eau pouvaient avoir une certaine influence sur la rapidité d'action de la formaldéhyde. On pouvait, en effet, admettre que le protoplasma des germes absorberait plus facilement les vapeurs aldéhydiques, si cette matière était gonflée par l'humidité. D'autre part, j'avais démontré déjà (1) qu'un très grand excès d'humidité nuisait à la rapidité de l'action antiseptique des vapeurs d'aldéhyde formique.

L'essai suivant a eu pour objet de déterminer si la production de vapeurs d'aldéhyde en présence d'une faible quantité de vapeur d'eau, pourrait offrir quelque avantage dans l'emploi.

L'appareil consistait en un récipient pouvant être chauffé au bain-marie et muni à sa partie supérieure de plusieurs orifices de dégagement. Le récipient était muni d'un tube de sûreté et aussi d'un tube pour l'introduction de la vapeur. Ce tube plongeait jusqu'au bas de la solution de formaldéhyde, contenant 10 pour 100 de chlorure de calcium, en sorte que par le passage rapide de la vapeur, la formaldéhyde était entraînée sans qu'il se *produisît de polymérisation* dans la liqueur.

(1) *Comptes rendus de l'Académie des sciences*, octobre 1894.

L'appareil producteur de vapeur consistait en un autoclave de forme ordinaire, d'une capacité d'environ 15 litres et contenant de l'eau. L'autoclave était placé en dehors de la salle et il était relié au récipient contenant la solution de formaldéhyde par un tube caoutchouc. La vapeur, lâchée à une pression de 3 atmosphères, suffisait par son passage pour entraîner complètement et rapidement la formaldéhyde de sa solution aqueuse.

Environ 10 litres d'eau furent employés pour le traitement de 4 litres de formaldéhyde pour une salle d'environ 650 mètres cubes de capacité.

Deux prises d'épreuves eurent lieu, l'une le jour même, l'autre le lendemain matin.

Les germes pathogènes dont la liste a été donnée ci-dessus furent en partie complètement stérilisés.

L'emploi de la vapeur d'eau ne semble pas avoir donné d'une manière bien certaine un avantage sur l'emploi des vapeurs sèches. Mais ce qui est certain et un fait acquis, c'est que la disparition de l'odeur de la formaldéhyde devient très difficile et longue à obtenir même par une ventilation constante.

L'explication de ce fait est facile à donner, les vapeurs de formaldéhyde et d'eau ne tardent pas à recouvrir la surface des parois, planchers, etc. L'eau s'évapore et il reste une légère couche superficielle de paraformaldéhyde qui reste fortement adhérente sur les surfaces des objets et des parois. J'ai pu constater ce fait en en faisant l'observation sur des carreaux de vitres.

Tel n'est pas le cas lorsqu'on se trouve en présence de vapeurs sèches qui sont très facilement enlevées par le moindre courant d'air.

C'est ainsi que je fus amener à étudier un nouveau mode de production de vapeur de formaldéhyde et dès lors mon attention se fixa sur l'emploi des vapeurs sèches de formaldéhyde.

La cinquième expérience fut faite au Val-de-Grâce dans la

même salle que précédemment. L'autoclave formogène consistait en un autoclave ordinaire, de forme allongée que je modifiais selon le but proposé. Cet autoclave fut placé en dehors du local à désinfecter ainsi que l'indique la figure. Les objets contaminés furent disposés à l'extrémité de la salle sur un lit.

Les résultats obtenus par l'emploi des vapeurs sèches pour une quantité à peu près égale de formaldéhyde donnèrent des résultats plus satisfaisants que par les méthodes précédentes qui consistaient à produire les vapeurs aldhéhydiques en présence de vapeur d'eau.

CHAPITRE VI

EXPÉRIENCES DE DÉSINFECTION

FAITES EN COLLABORATION AVEC M. LE DOCTEUR GABRIEL ROUX (1).

Expérience de désinfection sur un local de 78 mètres cubes avec l'appareil à oxydation. — Expérience dans deux locaux de 370 mètres cubes et 1400 mètres cubes. — Expériences sur l'intoxication des vapeurs produites par l'appareil formogène. — Numération des colonies provenant des poussières des locaux précédents avant et après les expériences. — Numération des colonies de l'air avant et après les expériences.

Sous le bienveillant patronage de M. le docteur Gailleton, maire de Lyon, une série de trois expériences a été exécutée par M. le docteur Gabriel Roux et moi (2).

L'une de ces trois expériences a été faite, dans le laboratoire du Bureau d'hygiène de Lyon, avec l'appareil formogène, fournissant sur place les vapeurs de formol par l'oxydation directe de l'alcool méthylique.

Les deux autres expériences ont été faites au moyen de l'autoclave formogène dans des locaux d'une dimension considérable.

Première expérience avec l'appareil à oxydation dans une salle de 78 mètres cubes.

La désinfection a eu lieu dans l'intérieur même d'une maison habitée, au rez-de-chaussée, dans une salle d'un cubage

(1) Extrait des *Annales de l'Institut Pasteur*, 25 mai 1896.
(2) Société médicale de Lyon, séance de mars 1896.

moyen. Les épreuves ont consisté en divers objets, linge, bois, etc., imprégnés de cultures virulentes. Ces épreuves ont été disposées dans toutes les parties de la pièce, sur le sol, à mi-hauteur et au-dessous du plafond, et une partie a été disséminée dans un placard entr'ouvert, dans un tiroir et dans des poches d'habits suspendus dans le local.

Les poussières ont été déposées en petits tas sur le sol, ainsi qu'à différentes hauteurs.

L'opération a commencé le matin à 10 heures et s'est terminée l'après-midi, à 6 heures. L'appareil a été placé au milieu de la pièce; le chauffage a eu lieu par le pétrole. Il est bon de signaler que la porte du local a été ouverte six fois dans le courant de marche de l'appareil, afin de faire différentes constatations.

Deux prises d'épreuves ont été effectuées : l'une, l'après-midi, à 5 heures, pendant la marche de l'expérience; l'autre, le lendemain matin, soit vingt-quatre heures après la mise en marche de l'appareil, soit quatorze heures après l'arrêt.

Dimensions de la salle : hauteur, $4^m,18$; largeur, $4^m,11$; longueur, $4^m,14$; cube total, 78 mètres cubes environ.

Pièce située au rez-de-chaussée d'un immeuble habité : une porte donnant sur un corridor dans le voisinage immédiat de l'escalier desservant les appartements; deux grandes baies vitrées imparfaitement fermées.

Nature des objets contaminés : papiers, linges, draps, bois, ficelle, paille de bois, bourre à matelas, poussière.

Nature des germes : pyocyanique, pyogène, charbon sporulé, *prodigiosus, coli*.

Température extérieure : maximum, $+ 10°,86$, minimum, $— 0°,4$.

Degré hygrométrique : maximum, 100 degrés; minimum, 42 degrés.

Degré de marche de l'appareil : huit heures.

Alcool méthylique employé : 5 litres.

Premier prélèvement fait pendant l'opération.

	OBSERVATION DES CULTURES		
	Après 7 jours.	Après 15 jours.	Après 30 jours.
Charbon, papier.......	Rien.	Rien.	Rien.
Coli, drap.............	»	»	Fertile.
Pyocyanique, papier....	»	»	Rien.
Coli, drap.............	»	»	Fertile.
Pyocyanique, papier...	»	»	Rien.
Pyocyanique, bois......	»	»	Rien.
Charbon, papier.......	»	»	Fertile.

Prélèvement fait après 14 heures.

	OBSERVATION DES CULTURES		
	Après 4 jours.	Après 12 jours.	Après 30 jours.
Charbon, papier, plafond........	Rien.	Rien.	Rien.
Pyocyanique, papier, plafond....	»	Fertile.	Fertile.
Prodigiosus, bois, même hauteur.	»	Rien.	Rien.
Pyocyanique, papier, même hauteur..............	»	»	»
Charbon, papier, même hauteur..	»	»	»
Charbon, papier, sol.............	»	»	»
Pyocyanique, papier, sol........	»	»	»
Pyocyanique, papier, sol.........	»	»	»
Pyocyanique, papier, table.......	»	»	»
Charbon, papier, table...........	»	»	»
Pyocyanique, papier, tiroir.......	»	»	»
Charbon, papier, botte de paille..	»	»	Moisissure.
Prodigiosus, bois, ficelle, caisse à charbon..................	»	»	Rien.
Pyocyanique, papier, dans un matelas.................	Fertile.	Fertile.	Fertile.
Pyocyanique, bois, placard......	Rien.	Rien.	Rien.
Pyocyanique, bois, doublure de gilet.................	Fertile.	Fertile.	Fertile.
Pyocyanique, étoffe, sous une pile de linge.................	Fertile.	Fertile.	Fertile.

Deuxième expérience avec l'autoclave dans une salle de 370 mètres cubes.

Cette expérience, ainsi que celle qui suit, a eu lieu dans
un ancien chalet-restaurant abandonné. On s'est servi dans

chaque expérience de l'autoclave formogène dont la description et la figure ont été données dans un de nos chapitres précédents.

Dimensions de la salle : hauteur, 3ᵐ,50 ; largeur, 7 mètres ; longueur, 15ᵐ,10 ; cube total, 370 mètres cubes environ.

Salle située au premier étage du chalet. Les deux grandes parois entières composées de baies vitrées s'étendent sur une longueur de plusieurs mètres. Joints imparfaitement bouchés ; six portes d'entrée.

Nature des objets contaminés : papiers, linges, bois, ficelle, bourre de matelas, poussières.

Nature des germes : pyocyanique, pyogène, charbon sporulé, *prodigiosus, coli.*

Température extérieure: maximum,+10°2; minimum,+2°,3.

Degré hygrométrique : maximum, 100 degrés; minimum, 97 degrés.

Durée de marche de l'appareil : trois heures et demie.

Formol employé : 3 litres.

Prélèvement fait dans la même journée.

	OBSERVATION DES CULTURES		
	Après 4 jours.	Après 11 jours.	Après 30 jours.
Charbon, papier............	Rien.	Rien.	Rien.
Pyocyanique, linge.........	»	»	»
Coli, drap................	»	»	»
Coli, drap...............	»	»	»
Pyocyanique, papier......	»	»	»
Charbon, papier..........	»	»	»

OBSERVATIONS. — Après le prélèvement, toutes les épreuves ont été lavées à l'eau ammoniacale.

Prélèvement fait après 14 heures.

	OBSERVATION DES CULTURES		
	Après 3 jours.	Après 10 jours.	Après 30 jours.
Pyogène, intérieur d'un matelas...............	Rien.	Rien.	Rien.
Pyocyanique, drap...		»	»
Coli, papier......		»	»

OBSERVATION DES CULTURES

	Après 3 jours.	Après 10 jours.	Après 30 jours.
Pyocyanique, papier......	rien	rien	rien
Charbon, papier..........	»	»	»
Pyocyanique, papier......	»	»	»
Coli, drap...............	»	»	»
Pyogène, linge...........	»	»	»
Coli, drap...............	»	»	»
Pyocyanique, papier......	»	»	»
Pyocyanique, papier......	»	»	»
Prodigiosus, bois........	»	»	»
Charbon, papier..........	»	»	»

OBSERVATIONS. — Environ la moitié des épreuves ont été lavées à l'eau ammoniacale.

La stérilisation des germes pathogènes a donc été absolue.

Troisième expérience avec l'autoclave dans la salle de 1 400 mètres cubes.

Dimensions de la grande salle : hauteur, 6 mètres ; largeur, 10 mètres ; longueur, 20^m,10.

Cubage de la petite salle : environ 200 mètres cubes.

Cube total des deux pièces : environ 1 400 mètres cubes.

Rez-de-chaussée du chalet précédent. Les deux parois disposées en longueur formées de baies vitrées. Joints imparfaitement bouchés, nombreuses fissures. Six portes d'entrée dans la grande pièce, quatre dans la plus petite ; les deux pièces communiquant entre elles au moyen d'une porte.

Nature des objets contaminés : papiers divers, linges, draps, bois.

Nature des germes : pyocyanique, pyogène, charbon sporulé, *prodigiosus, coli.*

Température extérieure : maximum, + 10°,56 ; minimum, + 4°,86.

Degré hygrométrique : maximum, 100 ; minimum, 86.

Durée de marche de l'appareil : cinq heures.

Formol employé : 9 litres.

La figure ci-jointe montre la disposition de la grande salle et de son annexe.

L'appareil a été placé comme précédemment à l'extérieur du local, en A. Les essais ont été placés en *b*, *b'*, *b"* et *c*, *c'* à des hauteurs différentes. (Pour la disposition détaillée, voir la figure de la page 74).

Local de 1400 mètres cubes et disposition de l'appareil.

Prélèvement fait après 36 heures.

OBSERVATION DES CULTURES

	Après 2 jours.	Après 10 jours.	Après 30 jours.
Pyocyanique, papier.....	Rien.	Rien.	Rien.
Pyogène, toile..........	»	»	»
Charbon, papier........	»	»	»
Charbon, papier........	»	»	»
Prodigiosus bois.......	»	»	»
Charbon, papier........	»	»	»
B. Kiel, papier.........	»	»	»
Coli, drap............	»	»	»
Coli, drap............	»	»	»

Comme précédemment et malgré la dimension du local, la *stérilisation des germes pathogènes a donc été absolue.*

Expériences d'intoxications.

Après l'opération, une prise d'air spéciale a été faite dans la salle afin d'étudier sa toxicité sur les animaux au point de vue de l'oxyde de carbone. Au moyen d'un appareil à déplacement porté directement au milieu de la pièce, 10 litres d'air ont été puisés. Pour dépouiller cet air des vapeurs de formol qui pouvaient le rendre irrespirable chez les animaux, nous l'avons, par un procédé semblable à celui déjà indiqué plus haut, lavé successivement par l'ammoniaque et l'acide sulfurique, opération qui n'a aucune action chimique sur l'oxyde de carbone.

Cet air ainsi dépouillé des vapeurs de formol a été introduit sous une cloche d'une capacité de 16 litres.

Le mélange de l'air de la cloche était ainsi constitué : 8 litres d'air ambiant ; 8 litres d'air provenant du local.

Sous cette cloche, nous avons introduit un cobaye et nous l'avons abandonné pendant deux heures.

Au bout de ce laps de temps, non seulement le cobaye n'a pas présenté des phénomènes d'intoxication ; mais, mis en observation pendant soixante-huit heures, il n'a rien présenté d'anormal.

Cette expérience, plusieurs fois répétée, démontre donc bien nettement que l'appareil formogène à oxydation, tel qu'il est décrit, n'offre aucun danger d'intoxication, la quantité d'oxyde de carbone dégagé n'étant même pas appréciable chez les animaux.

NUMÉRATION DES COLONIES
DE L'AIR ET DES POUSSIÈRES AVANT ET APRÈS LES EXPÉRIENCES.

Jusqu'ici on n'avait pu déterminer jusqu'à quel point il était possible d'obtenir la stérilisation de l'air par les vapeurs de formaldéhyde.

Nous avons cherché à éclairer cette question, et, dans ce but, nous avons fait trois séries d'expériences. Au moyen d'une pompe, dont le corps pouvait être de 3 à 4 litres, nous avons puisé l'air directement au milieu du local soumis à l'expérimentation en le faisant passer dans une certaine quantité de bouillon contenu dans un récipient étroit, de manière à ce que les bulles d'air eussent un contact prolongé avec la couche liquide.

Les expériences ont été faites sur 50 litres d'air chaque fois.

Dans ces expériences, on a toujours eu soin de neutraliser avec une solution ammoniacale les petites quantités de formaldéhyde qui auraient pu subsister et apporter dans les milieux de culture un élément stérilisateur. Pour plus de sûreté, on s'est assuré des propriétés fertilisatrices de ces milieux restés stériles, en les ensemençant plus tard avec des bactéries de nature variée.

Numération des colonies de l'air.

PREMIÈRE EXPÉRIENCE (SALLE DE 78 MÈTRES CUBES).

Numération pratiquée avant la désinfection par l'appareil à oxydation sur 50 litres d'air.

Après 5 jours d'incubation :
49 400 bactéries par mètre cube { 1 320 liquéfiantes / 0 moisissures.

Numération pratiquée après la désinfection sur la même quantité d'air.

Après 5 jours :
40 bactéries par mètre cube { 0 liquéfiantes. / 80 moisissures.
Après 30 jours :
40 bactéries par mètre cube { 20 liquéfiantes. / 160 moisissures.

On a été obligé, lors de cette expérience, et pour des motifs divers, d'ouvrir à plusieurs reprises la porte qui faisait communiquer le local à désinfecter avec un corridor extrêmement passant et exposé aux courants d'air. C'est très probablement à cette particularité qu'il faut attribuer l'apport de moisissures qui n'existaient pas auparavant dans l'atmosphère de la pièce, et peut-être aussi quelques-unes des bactéries. Mais, même en repoussant cette interprétation et en ne tenant pas compte (ce qui est très important) de l'énorme disproportion entre les deux périodes d'incubation des germes sur les milieux nutritifs avant et après la désinfection, *nous constatons néanmoins que l'air n'a conservé vivant qu'un demi pour 100 environ de ses bactéries primitives*, ce qui est un excellent résultat.

DEUXIÈME EXPÉRIENCE (SALLE DE **370** MÈTRES CUBES).

	Numération pratiquée avant la désinfection sur 50 litres d'air.		Numération pratiquée après la désinfection sur 50 litres d'air.	
	Bactéries.	Moisissures.	Bactéries.	Moisissures.
Après 3 jours	120	0	0	0
Après 10 jours	520	240	0	0
Après 30 jours	»	»	0	0

TROISIÈME EXPÉRIENCE (SALLE DE **1 400** MÈTRES CUBES).

Dans une *troisième expérience* (salle de 1 400 mètres cubes), on n'a pas pratiqué la numération avant l'expérience ; mais, après la désinfection, on n'a trouvé, après une observation de trente jours, que 25 *bactéries et pas de moisissures*.

Le succès [opératoire *a donc été absolu* pour la deuxième expérience exécutée dans la salle de 400 mètres cubes. Il peut être considéré comme quasi absolu pour l'expérience dans la grande salle de 1 400 mètres cubes.

Numération des colonies provenant des poussières recueillies sur 1 décimètre carré du sol et des parois.

PREMIÈRE EXPÉRIENCE (APPAREIL D'OXYDATION, SALLE DE 78 MÈTRES CUBES).

SOL.

	Poussières prises sur 1 décimètre carré du sol avant la désinfection.		Poussières prises sur 1 décimètre carré du sol après la désinfection.	
	Bactéries.	Moisissures.	Bactéries.	Moisissures.
Après 4 jours	13 890 000	{ quelques moisissures { quelques liquéfiantes		
Après 30 jours			2 300	160

PAROIS.

	Poussières prises sur 1 décimètre carré d'une paroi avant la désinfection.		Poussières prises sur 1 décimètre carré d'une paroi après la désinfection.	
	Bactéries.	Moisissures.	Bactéries.	Moisissures.
Après 4 jours	65 000	0		
Après 30 jours	»	»	0	0

Les résultats obtenus, malgré les défectuosités déjà signalées à propos de l'analyse précédente et l'écart entre les deux périodes d'incubation des germes, toutes circonstances qui n'ont pu qu'amoindrir la valeur du gain enregistré, sont ici cependant meilleurs encore, puisque les poussières du sol, très riches en germes bactériens avant l'opération, n'en ont conservé de vivants, une fois la désinfection terminée, que 0,016 pour 100 (les moisissures ayant très probablement été apportées du dehors pendant les manipulations), et que celles des parois verticales *se sont montrées radicalement et complètement stérilisées.*

DEUXIÈME EXPÉRIENCE (AUTOCLAVE FORMOGÈNE, SALLE DE 370 MÈTRES CUBES).

SOL.

	Poussières prises sur 1 décimètre carré de plancher avant la désinfection.		Poussières prises sur 1 décimètre carré de plancher après la désinfection.	
	Bactéries.	Moisissures.	Bactéries.	Moisissures.
Après 4 jours	30 000	90 000	0	0
Après 11 jours	50 000	150 000	200	0
Après 30 jours	70 000	150 000	800	0

PAROIS.

	Poussières recueillies sur 1 décimètre carré d'une paroi avant la désinfection.		Poussières recueillies sur 1 décimètre carré d'une paroi après la désinfection.	
	Bactéries.	Moisissures.	Bactéries.	Moisissures.
Après 11 jours	0	3 000	0	0
Après 30 jours	0	3 000	0	0

De ces diverses analyses, nous devons conclure que les germes accolés aux parois verticales sur du papier de tenture et qui consistaient surtout en moisissures, ont été *complètement détruits* par les vapeurs de formaldéhyde.

Une très faible proportion de bactéries du plancher, soit 1,13 pour 100, a résisté. En général, les bouillons qui ont cultivé présentaient le voile superficiel du *subtilis*. La présence du *mesentericus* a été constatée dans deux bouillons.

CONCLUSIONS.

Les expériences de désinfection avec les vapeurs d'aldéhyde formique produites par l'appareil a oxydation ou par l'autoclave formogène ont porté sur des locaux dont la capacité variait de 70 à 1 400 mètres cubes, et ont été exécutées en se plaçant dans des conditions *absolument pratiques*.

La destruction des germes pathogènes soumis à nos expé-

riences a été absolue, même dans un local d'une capacité de
1 400 mètres cubes, lorsque ces germes étaient librement
exposés aux vapeurs de formaldéhyde.

La stérilisation des poussières de l'air et de celles des parois des locaux soumis aux expériences peut être considérée
comme à peu près absolue.

L'action des vapeurs aldéhydiques s'exerce pour ainsi dire
immédiatement et simultanément dans tous les points d'un
local.

La désinfection par les vapeurs d'aldéhyde formique au
moyen des procédés décrits ci-dessus ne peut donner lieu à
aucun danger d'intoxication par l'oxyde de carbone. Ces vapeurs étant extrêmement irritantes, il faut, dans la pratique,
prendre les précautions nécessaires pour éviter leur dégagement dans le voisinage.

CHAPITRE VII

Influence de la température.

L'action de la température sur la stérilisation des poussières est facile à constater par des expériences faites sous une cloche.

Pour étudier cette influence de la température, on peut procéder de la manière suivante : l'appareil consiste en un flacon laveur disposé dans un bain-marie, dans lequel on place 100 centimètres cubes de la solution commerciale de formol. Ce flacon laveur est relié d'une part avec un appareil à déplacement d'air permettant d'y faire passer 50 litres d'air ; de l'autre côté, il est en communication, au moyen d'un tube de caoutchouc, avec une cloche d'une capacité de 40 litres. La partie supérieure de la cloche est munie d'un bouchon perforé de deux orifices ; l'un d'eux destiné à l'adduction de l'air, l'autre pour le dégagement. A la suite de ce dernier se trouve disposé un large tube contenant de la pierre ponce imbibée d'acide sulfurique et un tampon d'ouate imbibé d'ammoniaque, afin d'éviter et l'inconvénient du dégagement de formol dans le laboratoire et le retour du gaz ammoniac dans la cloche. Pour faire fonctionner l'appareil, il suffit de faire passer les 50 litres d'air dans le flacon laveur, dont la température doit être maintenue fixe au moyen du bain-marie. L'air se sature de vapeurs de formol et arrive ensuite dans la cloche, d'où il sort par l'orifice de dégagement. On peut considérer que pour deux opérations successives, la quantité de vapeurs de formol introduites dans la cloche est la même dans les deux cas, si l'on opère dans les mêmes conditions. La cloche est ensuite exposée soit dans le laboratoire ou à l'extérieur, soit dans l'intérieur d'une étuve. Au lieu d'une cloche, on pourrait aussi employer un flacon à large ouverture.

Expérience (1).

L'échantillon de poussière soumis à l'expérience provenait d'un raclage fait sur le plancher d'un corridor. Il a été divisé en deux parties égales, et chaque portion placée successivement sous la cloche. Après y avoir fait passer 50 litres d'air saturé de vapeurs de formol, la cloche a été abandonnée à une température déterminée pendant le même laps de temps.

	Première expérience.	Deuxième expérience.
Poussières de corridor......	1 centig.	1 centig.
Litres d'air saturés de formol introduits.	50 litres.	50 litres.
Température de la solution de formol...	14 degrés.	14 degrés.
Durée d'exposition...................	2 jours.	2 jours.
Température de la cloche pendant l'exposition........	10 à 13 degrés.	20 degrés.

Résultats : après vingt-quatre heures, les bouillons ensemencés avec chacune des poussières correspondant à ces expériences étaient troubles.

De nouvelles expériences ont été refaites dans lesquelles on a augmenté la quantité de formol, la température et la durée d'exposition.

(1) *Annales de l'Institut Pasteur*, mai 1896.

	Troisième expérience.	Quatrième expérience.
Poussière.	1 centig.	1 centig.
Litres d'air saturés introduits	50 litres.	50 litres.
Température	25 degrés.	14 degrés.
Durée d'exposition	4 jours.	4 jours.
Température de la cloche pendant l'exposition	0 à 15 degrés.	20 degrés.

Après quarante-huit heures, le bouillon correspondant à l'essai fait à la température de 4 à 15 degrés s'est troublé.

Dans la quatrième expérience, dans laquelle la température de la cloche atteignait 40 degrés, les poussières ont été complétement stérilisées.

Ce résultat confirme les expériences très nettes que M. Pottevin avait faites et dans lesquelles le *Bacillus subtilis* avait été stérilisé par l'action des vapeurs de formol, à une température élevée, alors que la stérilisation à basse température n'avait pas pu être obtenue (1).

Observations concernant la stérilisation des poussières.

Ainsi qu'on peut s'en rendre compte par les nombreuses expériences instituées par divers auteurs, il ressort très nettement que les germes pathogènes sont en général très facilement atteints par les vapeurs de formol, en se plaçant dans des conditions pratiques de mode d'emploi. La considération des tableaux d'essais qui ont été publiés un peu plus haut ne laisse aucun doute à ce sujet. Il est en effet démontré que certaines spores très résistantes sont anéanties (2) si les doses de vapeurs de formol deviennent considérables ou si, sans augmenter la quantité de vapeurs produite, on élève à 40 degrés la température de l'espace dans lequel on expérimente.

Mais ce qui ressort également des expériences, c'est que

(1) *Annales de l'Institut Pasteur*, 189 .
(2) *Idem.*

généralement les microorganismes non pathogènes et les champignons ne sont pas détruits d'une manière absolue dans les expériences relatées. Cependant la destruction de ces germes peut être considérée comme presque totale, ainsi que le prouve la numération de bactéries et de moisissures faites avant et après les expériences.

Tout d'abord, il est bon de faire une distinction dans ce que l'on appelle *poussières d'appartements*.

Si l'on examine au microscope ou même simplement à la loupe une pincée de poussière, prise sur le plancher d'un appartement, on distingue :

1° Des parties concrètes, agglomérées et soudées entre elles, affectant la forme de grains résistants sous la pression des doigts et que l'on peut briser sous un léger choc ou désagréger par un liquide ;

2° Des parties houppeuses, plus ou moins imprégnées de poussière fine et impalpable. La distinction de ces deux parties constituantes est quelquefois visible à l'œil nu ; on peut même souvent en opérer le triage.

L'explication de ce fait est facile à donner. La partie concrète, formée de grains agglomérés, est constituée par de la terre apportée du dehors du local et que le balayage a répartie sur le plancher. Selon le degré d'humidité, ces fragments de terre se sont plus ou moins soudés les uns aux autres en parties plus ou moins volumineuses.

La partie fine et houppeuse est formée de détritus de tous genres : on y retrouve spécialement au microscope des fibres de divers tissus, des poils, etc. Tous ces divers matériaux ne sont que des déchets des diverses opérations qui se pratiquent dans l'intérieur d'un ménage.

Tandis que la poussière, formée d'agglomération de grains, est difficilement stérilisée, la poussière superficielle l'est beaucoup plus facilement. L'agglomération et la soudure de plusieurs particules de poussière sont, on le comprend sans peine, plus difficile à pénétrer que la poussière qui est très divisée et qui se trouve à l'état de suspension dans une pièce, sous l'influence de l'humidité. Lorsque l'on place ces poussières expérimentées dans les bouillons de cultures, les parties les plus grossières des poussières se désagrègent et mettent en évidence les portions qui n'avaient pas été atteintes ou qui l'avaient été imparfaitement par les vapeurs de formol.

En d'autres termes, les poussières sont plus ou moins pénétrables selon leur état de division.

A côté de ce facteur se joint encore celui de la température.

Expériences.

Sous une cloche d'une capacité de 10 litres, on dispose une capsule plate de 10 centimètres de diamètre, contenant une couche de formol ; sur deux supports, disposés à la même hauteur, sont placés deux échantillons de poussières.

Ces deux échantillons de poussières ont été obtenus de la manière suivante :

Un prélévement de quelques grammes de poussière a été pratiqué dans les balayures d'un appartement au moyen d'une toile métallique, les parties les plus grossières ont été séparées des parties les plus fines, celles-ci restant sur la toile métallique mélangées avec des fibres et divers matériaux organiques très légers qui les englobent. De chacune de ces deux parties, j'ai prélevé 1 centigramme qui a été placé sous la cloche.

Les ensemencements ont été faits dans du bouillon peptonisé et placé dans une étuve à 32 degrés.

Résultats.

Durée de l'exposition...................... 2 jours.
Température de l'intérieur de la cloche. 12 à 16 degrés.

Observations sur les bouillons de culture.

a) Partie grossière............... troubles après 56 heures.
b) Partie houppeuse............... clairs après 3 semaines.

Cette expérience en petit a été confirmée par l'expérience faite en grand par M. le docteur Gabriel Roux et moi dans la grande salle de 400 mètres cubes, faite au parc de la Tête-d'Or, à Lyon, et dans laquelle nous avions disposé des poussières du sol et des poussières plus fines, provenant des balayures d'un corridor d'une maison habitée. Ces balayures étaient constituées par des déchets de tous genres très légers. Or, tandis que les poussières les plus lourdes et les plus agglomérées ont fourni quelquefois des cultures après deux à trois jours, les poussières provenant de balayures d'un corridor et constituées par des parties fines et houppeuses ont été généralement entièrement stérilisées.

Expérience de désinfection totale des poussières.

L'expérience a eu lieu dans une maison cubant 400 mètres cubes et formée d'un rez-de-chaussée et de deux étages. L'étage supérieur constituait une espèce de grenier et présentait beaucoup de défectuosité au point de vue de l'étanchéité.

Cette expérience a eu pour but de rechercher si, par une action prolongée du contact des vapeurs de formol, on pouvait atteindre d'une façon absolue les germes et champignons des poussières d'un appartement habité et si l'action des vapeurs de formaldéhyde s'exerçait bien partout, aussi bien en hauteur qu'en largeur.

La poussière provenait d'un balayage d'une maison habitée. Elle a été tamisée et ensuite répartie dans douze flacons disposés dans les différentes parties de la maison. L'autoclave formogène a été placé en dehors de la maison, sur le sol, à 20 centimètres de la porte d'entrée.

Par un petit orifice de 5 millimètres de diamètre pratiqué dans un des panneaux de la porte, a été établie une communication entre l'autoclave et l'intérieur de la maison au moyen d'un petit tube de cuivre de quelques centimètres de longueur.

La quantité de formol employé a été de 5 litres ; la durée de fonctionnement de l'appareil, deux heures. Les prises ont été faites cinquante heures après ; la température moyenne a été de 14 à 15 degrés ; la moitié des épreuves ont subi le lavage à l'eau ammoniacale.

Rez-de-chaussée. — Quatre épreuves : deux bouillons se sont troublés après quarante-huit heures.

Chambre E, la plus éloignée. — Trois épreuves : les bouillons sont restés clairs.

Chambre C. — Une épreuve : les bouillons sont restés clairs.

Chambre F (deuxième étage). — Quatre épreuves : les bouillons sont restés clairs.

Le fait que deux épreuves disposées sur le rez-de-chaussée ont donné des cultures n'a rien d'anormal. Ces deux épreuves avaient été disposées sur le sol à environ 50 centimètres de la porte, dont la partie inférieure joignait très mal. Il en est résulté un courant d'air dont l'action a dû se manifester dans le voisinage immédiat de la fissure.

Quant aux deux autres épreuves disposées à 2 mètres de la porte et sur le sol, les poussières ont été totalement stérilisées.

La conclusion de cette expérience, très facile à vérifier, peut se formuler ainsi :

Les vapeurs de formol peuvent, lorsqu'elles sont produites en abondance, à la température ordinaire, stériliser totalement les poussières fines provenant du balayage de maison habitée.

Nous avons vu, plus haut, l'influence de la température et de la nature des poussières sur la stérilisation de ces dernières.

CHAPITRE VIII

RAPPORT ADRESSÉ A LA COMMISSION DES HOSPICES
DE MONTPELLIER (1).

ESSAIS DE DÉSINFECTION

PAR

LES VAPEURS DE FORMALDÉHYDE

AU MOYEN DES PROCÉDÉS DE M. TRILLAT

Par le docteur BOSC,

Agrégé à la Faculté de Montpellier.

Les essais sur les vapeurs de formol comme désinfectant ont été effectués à l'Hôtel-Dieu Saint-Éloi suburbain, dans l'un des pavillons des contagieux.

Le milieu à désinfecter comprenait une grande salle en ogive A, sur laquelle s'ouvrent deux petites salles annexes BB'.

La grande salle mesure 7 mètres de haut sur 7 mètres de large à sa base et 15 mètres de long ; son cube est de 603 mètres. Chacune des deux annexes mesure 5 mètres de long, $3^m,45$ de large et $3^m,90$ de hauteur, soit un cube de $67^m,275$.

Le cube total à désinfecter était donc :

$$603 + 2 \times 67,275 = 737\,550 \text{ mètres cubes.}$$

(1) Voir *Annales de l'Institut Pasteur*, 25 mai 1896.

Le 13 mars 1896, l'appareil formogène est installé par M. Trillat, au point A de notre figure. Il est constitué par un autoclave allongé, contenant 3 litres de solution normale de formol à 40 pour 100 (1).

Il est chauffé à 9 heures du matin, porté rapidement à

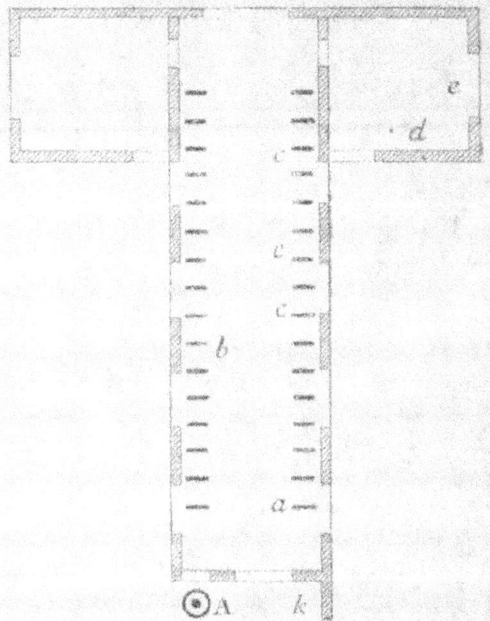

Expériences de désinfection de la grande salle des contagieux
et de ses annexes à l'hôpital de Montpellier.

une pression de 4 atmosphères, et on laisse échapper les vapeurs sèches dans la salle à l'aide d'un petit tube en cuivre partant de l'autoclave, traversant la porte vitrée P' et pénétrant dans la grande salle.

Les vapeurs se dégagent en abondance, et la saturation de

(1) Pour la disposition de l'autoclave, voir la figure à la page 74.

la grande salle et des annexes est obtenue vers 10 heures du matin. L'appareil continue à fonctionner jusqu'à midi.

Les ouvertures extérieures des salles avaient été fermées comme d'ordinaire, sauf dans les points où il existait des jours trop considérables.

Avant la mise en marche de l'appareil formogène, on avait disposé dans les trois salles des petits carrés de toile préalablement stérilisés, puis ensemencés avec des cultures jeunes et virulentes des divers microorganismes :

1° *Staphylococcus aureus;*

2° *Bacillus coli communis;*

3° *Bacillus* de la diphtérie ;

4° *Bacillus* de la morve;

5° *Bacillus anthracis* sporulé ;

6° *Bacillus pyocyanicus;*

7° Choléra des poules ;

8° Spores d'*aspergillus ;*

9° Spores de tricophyton.

On dissémine en *a*, *b*, *c*, dans la salle, sur le sol, les lits sur les rideaux, divers échantillons de chacun de ces microorganismes. On en dispose, en outre, tout le long d'une bande allant du plafond au ras du sol.

On place également dans les annexes *d*, *e*, des échantillons de même nature. Des carrés ensemencés sont placés encore dans le tiroir d'une table située en *a'*, sous des draps amoncelés, dans la poche d'un habit et dans l'intérieur d'un matelas non défait.

Enfin, on place, en divers points de la salle, des poussières recueillies dans le laboratoire d'anatomie pathologique, de la terre prise dans le pavillon des contagieux et des crachats de tuberculeux desséchés sur un linge ou mélangés à du sable stérilisé, ou bien mis humides et à peine étalés sur un carré de toile. Ces échantillons étaient les uns secs, les autres à peu près secs ou humides.

Les spores d'aspergillus avaient été laissées dans un flacon débouché et l'on avait exposé encore une ancienne culture desséchée d'aspergillus sur carotte, de même qu'une culture de tricophyton sur agar.

Le dégagement des vapeurs de formol s'est donc fait de 9 heures et demie du matin à midi, soit pendant deux heures et demie.

L'appareil étant éteint et les salles saturées de vapeur, on laisse agir le gaz désinfectant jusqu'au lendemain, à 9 heures du matin, c'est-à-dire près de vingt-quatre heures.

Mais déjà le même jour, à 5 heures du soir, c'est-à-dire environ après six heures de saturation, on a fait une première prise, en entrant dans la salle avec précaution pour ne pas faire pénétrer de l'air du dehors.

On a fait les prises des échantillons en se servant de pinces flambées, avec lesquelles on portait les petits carrés de toile dans des flacons à large ouverture, stérilisés.

Une deuxième prise a été faite le lendemain, à 9 heures du matin.

Résultats de la première prise.

Après six heures de saturation par les vapeurs du formol, on a retiré dans cette première prise des échantillons de staphylocoque, de *coli* bacille, de diphtérie, de morve, de charbon sporulé ; des spores d'*aspergillus* et de tricophyton ; on a retiré, en outre, deux échantillons de poussières de laboratoire.

Ces échantillons, recueillis aseptiquement en vases stérilisés, ensemencés une heure après sur bouillon alcalin ordinaire et sur agar peptonisé, ont été portés à l'étuve à 37 degrés centigrades.

Quinze jours après, les échantillons ensemencés avec les divers microorganismes ci-dessus énumérés n'ont rien donné ; les milieux de culture sont demeurés stériles.

Les spores de tricophyton et d'aspergillus n'ont pas poussé davantage.

Les poussières du laboratoire ont donné, dès le deuxième jour, des cultures de *Bacillus subtilis* dont les spores ont une énorme résistance.

D'ailleurs, le *Bacillus subtilis* n'a aucune importance au point de vue de la désinfection pratique, car il n'est pas pathogène.

CONCLUSION.

On peut conclure, en outre, des résultats de cette première série, qu'une durée d'action de cinq heures des vapeurs de formol à saturation est suffisante pour tuer les microbes pathogènes, y compris le charbon sporulé, sur échantillons secs ou à peu près secs.

Résultats de la deuxième prise.

Le lendemain, à 9 heures du matin, les salles sont trouvées, aussi bien la grande salle que les annexes, saturées de vapeurs de formol. On recueille aseptiquement la grande bande portant des échantillons étagés du plafond au ras du sol.

Aucun des échantillons pris sur la grande bande n'a cultivé après quinze jours d'ensemencement sur divers milieux à la température de 37 degrés centigrades. Ces ensemencements portaient sur le *Bacillus pyocyanicus*, le charbon, le staphylocoque, le coli bacille, les spores de tricophyton ; chacun d'eux était placé à la fois à diverses hauteurs de la bande (sommet, milieu, bas).

On a retiré également les divers échantillons placés un peu partout, sur les lits, le sol, les rideaux, etc. Les spores d'aspergillus et de tricophyton ont été tuées alors même qu'elles étaient enfermées dans un long flacon débouché.

L'échantillon de staphylocoque, mis dans la poche de l'habit, n'a pas poussé ; mais le coli bacille, placé également dans cette poche, a donné, au cinquième jour, une culture maigre.

Le staphylocoque, placé sous un amoncellement de plusieurs draps, a résisté, de même que le charbon sporulé, placé dans l'intérieur du matelas.

La laine prise au centre du matelas non défait a donné des colonies de streptocoques.

Nous avons recueilli des poussières sur les murs de la grande salle à 1 mètre du sol, et des débris provenant du raclage de ces mêmes murs.

Leur ensemencement n'a donné lieu à aucune culture.

Les échantillons dispersés dans les annexes, charbon sporulé, diphtérie, pyocyanique, staphylocoque, ont été recueillis, ainsi que des échantillons de terre prise devant le pavillon des contagieux.

L'échantillon de diphtérie, placé sous le tiroir de la table de l'annexe, a été tué.

La terre prise devant le pavillon a donné du *Bacillus subtilis.*

Ces divers échantillons étaient secs.

Les tableaux qui suivent donnent le résumé de nos opérations pour les échantillons secs ou à peu près secs :

Le tableau I nous montre qu'aucun des échantillons secs ou à peu près secs placés le long de la grande bande et ensemencés sur les milieux les plus favorables, à la température de 37 degrés centigrades, n'a cultivé non seulement dans les jours qui ont suivi l'ensemencement, mais quinze jours et un mois et demi après.

Il nous montre, en outre, que les vapeurs de formaldéhyde ont agi *avec une aussi grande énergie dans les parties supérieures, moyennes et inférieures de la grande salle,* puisque les échantillons du sommet, du bas et du milieu de la bande ont été également désinfectés.

Tableau I.

*Échantillons pris sur la grande bande allant du plafond
au ras du sol.*

DÉSIGNATION.	PLACE de la bande	HEURES de la prise.	HEURE de l'ensemble	MILIEU. température.	RÉSULTATS.
B. pyocyanique.	Bas.	14 mars 9 h. matin.	14 mars 6 h. soir	Bouillon peptonisé.	Rien du 13 mars au 30 avril.
B. anthracis sporulé..........	Bas.	»	»	»	Id.
B. de la diphtérie............	Bas.	»	»	»	Id.
Coli bacille......	Bas.	»	»	»	Id.
B. pyocyanique.	Milieu.	»	»		
B. diphtérique...	Milieu.	»	»	Bouillon et sérum.	Id.
Staphylocoque...	Milieu.	»	»	»	Id.
Spores de tricophyton..........	Milieu.	»	»	»	Id.
B. diphtérique...	Sommet.	»	»	»	Id.
Coli bacille......	Sommet.	»	»	»	Id.
B. de la morve...	Sommet.	»	»	»	Id.
Staphylocoque...	Sommet.	»	»	»	Id.
Spores de tricophyton..........	Sommet.	»	»	Bouillon maltosé, gélose maltosé.	Id.
Spores d'aspergillus..........	Sommet.	»	»	»	Id.

Les spores d'*aspergillus*, comme les spores de *tricophyton*,
ont été tuées par les vapeurs de formol, au même titre que
les microbes.

Les résultats ont été identiques pour les échantillons de
même nature placés sur les lits, le sol et les rideaux de la
grande salle.

Les spores d'aspergillus et de tricophyton ont été tuées
alors même qu'elles étaient enfermées, à l'état de poussière
sèche, au fond d'un long flacon débouché.

La culture de tricophyton sur agar abandonnée dans la
salle en tube à essai débouché, a été, après l'action des vapeurs de formol, véritablement chitinisée, comme tannée et
cassante. Les parties superficielles ensemencées n'ont pas

poussé, mais les parties profondes ont donné des colonies mycéliennes avec un retard appréciable dans leur dévelóppement.

Les vapeurs de formol ont agi encore avec une *égale intensité dans tous les points de la salle considérée dans sa longueur* (15 mètres) et dans ses annexes *d, e*.

Tous les échantillons dispersés sur les lits, le sol et les rideaux, dans tous les points de la grande salle A et des annexes, sont demeurés stériles.

Les spores d'aspergillus et de tricophyton ont été tuées alors même qu'elles étaient enfermées à l'état de poussières sèches dans un long flacon débouché ; il en a été de même pour des cultures, sur agar, de tricophyton enfermées en tubes à essai débouchés ; leur partie superficielle a été chitinisée, comme tannée, et la culture est devenue cassante. Les parties superficielles ensemencées n'ont pas poussé, mais les parties profondes ont donné des colonies mycéliennes avec un retard appréciable dans leur développement.

Il était pratiquement intéressant d'augmenter encore les obstacles au contact des vapeurs de formaldéhyde avec les échantillons à désinfecter. Pour cela faire, nous avons introduit des échantillons divers secs ou à peu près secs, dans la poche d'un habit dont la patte a été rabattue, sous plusieurs draps froissés et mis en tas, dans l'intérieur d'un matelas non décousu, dans un matelas replié sur lui-même. (Tableau II.)

Ces résultats me paraissent d'un grand intérêt au point de vue pratique. Les vapeurs de formol peuvent pénétrer évidemment dans tous les passages qui leur sont ouverts, puisqu'elles peuvent aller tuer du staphylocoque dans la poche d'un habit, et du coli bacille et dans un matelas replié sur lui-même.

Mais on ne saurait compter sur une désinfection certaine si l'on tasse ou si l'on donne une trop grande épaisseur aux objets à désinfecter : les draps de lit mis en tas, les étoffes repliées plusieurs fois sur elles-mêmes ne seront pas atteintes. L'action des vapeurs de formol ne se fait pas sentir davantage au centre d'un matelas, et la laine de ce dernier non défait a donné des cultures vivaces de streptocoques.

TABLEAU II.

DÉSIGNATION	Position de l'échantillon.	Heure de la prise.	Heure de l'ensemencement.	RÉSULTATS.					
				MARS.				Du 17 au 31 MARS.	Du 1er au 20 AVRIL.
				14	15	16	17		
Staphylocoque.	dans poche.	14 mars 9 h. m.	14 mars 7 h. s.	rien.	rien.	rien.	rien.	Rien.	Rien.
Coli bacille....	dans poche.	»	»	rien.	rien.	rien.	rien.	Léger trouble au 5e jour.	
Pyocyanique...	sous draps.	»	»	rien.	rien.	rien.	rien.	Rien.	Rien.
Staphylocoque.	sous draps.	»	»	rien.	rien.	rien.	trouble.	Cult. très dével. les jours suiv.	
Charbon sporulé.........	dans matelas.	»	»	rien.	rien.	rien.	rien.	Trouble — Dépôt	
Laine........	dans matelas.	»	»	rien.	trouble.	dépôt.	dépôt.	Dép. blanc abond. (streptocoque.	
Coli bacille....	dans matelas. replié	»	»	rien.	rien.	rien.	rien.	Rien.	Rien.
Basille diphtérique........	dans un tiroir.	»	»	rien.	rien.	rien.	rien.	Rien.	Rien.

Les poussières sèches, même sur une certaine épaisseur, peuvent être considérées comme désinfectées : les germes pathogènes sont tués et nous n'avons pu y déceler que du *Bacillus subtilis,* dont les spores présentent, comme l'on sait, une grande résistance.

Les poussières prises sur les murs et les débris provenant du râclage de ces derniers ont laissé divers milieux complètement stériles ou bien ont donné encore du subtilis ou du mesentericus v.

Tous les échantillons qui précèdent avaient été exposés aux vapeurs de formol secs ou à peu près secs. Nous avons voulu nous rendre compte du degré d'action des vapeurs de formol sur des échantillons humides exposés directement

aux vapeurs, soit sur des bandes, soit sur des lits, soit enfer-
més dans des tubes à essai débouchés. Ces échantillons
consistaient en carrés de toile de 7 centimètres de côté, que
l'on a plongés immédiatement avant de les exposer aux vapeurs de la grande salle, dans des cultures jeunes et virulentes. (Tableau III.)

TABLEAU III.

DÉSIGNATION.	POSITION.	ÉTAT.	RÉSULTATS.					
			MARS.				Du 18 au 31 MARS.	Du 1er au 20 AVRIL.
			15	16	17	18		
B. de la diphtérie.	Sur bande.	Humide.	Rien.	Rien.	Rien.	Rien.	Rien.	Rien.
Staphylocoque..	Id.	Id.	Id.	Id.	Id.	Id.	Id.	Id.
Charbon sporulé.	Id.	Id.	Id.	Id.	Id.	Id.	Id.	Id.
B. de la morve..	Id.	Id.	Id.	Id.	Id.	Id.	Id.	Id.
Charbon sporulé.	En tube.	Id.	Id.	Id.	Id.	Id.	Trouble.—Cultive bien les jours suiv.	
B. de la diphtérie.	Id.	Id.	Id.	Id.	Id.	Id.	Rien.	Rien.
Coli bacille......	Id.	Id.	Id.	Id.	Id.	Id.	Cultive bien les jours suivants	
B. de la morve..	Id.	Id.	Id.	Id.	Id.	Troue.	Rien.	Rien.
B. pyocyanique.	Id.	Id.	Id.	Id.	Id.	Id.	Id.	Id.

Le *bacille tuberculeux*, exposé dans des crachats étalés et
desséchés sur toile aux vapeurs de formol, a été tué, de
même que les bacilles tuberculeux des crachats triturés avec
du sable fin stérilisé, le mélange ayant été ensuite desséché
à l'air. Il nous paraît intéressant de signaler les expériences
que nous avons faites avec des crachats tuberculeux contenant de nombreux bacilles de Koch, étalés en couches de
1 à 2 millimètres sur des carrés de toile et exposés tont frais
aux vapeurs de formol dans la grande salle. A la fin de l'expérience, leur surface était durcie, de même que l'intérieur,
mais le raclage de la toile permettait de les enlever facilement et de constater qu'ils étaient encore humides.

Ces crachats, injectés sous la peau de trois cobayes en divers points du corps et en quantité considérable, n'ont produit qu'une inflammation passagère du point d'inoculation. Un mois et demi après l'inoculation, les cobayes sont parfaitement sains et ne présentent aucune trace aux points inoculés.

On pourrait objecter aux résultats ci-dessus énumérés que les vapeurs de formol ont adhéré énergiquement aux échantillons et, comme d'autre part, les expériences de divers auteurs montrent que le formol a des propriétés infertilisantes très marquées, on pourrait objecter à nos résultats que la présence de traces de formol dans les milieux ensemencés a pu empêcher le développement des microbes dont étaient porteurs les échantillons. Les expériences des tableaux II et III répondent à cette objection, car nous avons placé ces échantillons au moment de la 2ᵉ prise dans des flacons de 200 grammes, à large goulot, de sorte que les vapeurs de formol encore adhérentes aux échantillons pouvaient se répandre dans l'air du flacon, d'autant plus que l'ensemencement n'a été fait, de parti pris, que neuf à dix heures après la prise.

D'autre part, les échantillons qui ont donné lieu à des cultures avaient, aussi bien que ceux qui n'ont rien donné, été exposés aux vapeurs et avaient pu en conserver sur eux, au même titre, au moment de l'ensemencement.

Mais, pour répondre d'une façon plus précise à cette objection réellement sérieuse, nous avons, d'un côté, placé des échantillons désinfectés dans la grande salle, dans des flacons stérilisés de 500 centimètres cubes, et, d'un autre côté, nous avons lavé des échantillons du même genre dans de *l'eau ammoniacale* (40 gouttes pour un litre), avant de les ensemencer dans les milieux nutritifs. Ils sont demeurés stériles.

— 124 —

TABLEAU IV.

DÉSIGNATION.	LAVAGE.	MILIEU.	RÉSULTATS.					
			MARS.				Du 22 au 31 MARS	Du 1er au 20 AVRIL
			19	20	21	22		
Pyocyanique....	A l'air.	Bouillon peptonisé à 37°.	Rien.	Rien.	Rien.	Rien.	Rien.	Rien.
Charbon sporulé.	A l'air.	Id.	Id.	Id.	Id.	Id.	Id.	Id.
Coli bacille......	A l'air.	Id.	Id.	Id.	Id.	Id.	Id.	Id.
Coli bacille......	Lavés dans eau saumon.	Id.	Id.	Id.	Id.	Id.	Id.	Id.
Staphylocoque...	Id.	Id.	Id.	Id.	Id.	Id.	Id.	Id.
Charbon sporulé.	Id.	Id.	Id.	Id.	Id.	Id.	Id.	Id.
Bacille diphtérie.	Id.	Id.	Id.	Id.	Id.	Id.	Id.	Id.

CONCLUSIONS.

Les résultats qui se dégagent de ces expériences sont les suivants :

I. Les vapeurs sèches de formol, au bout de cinq heures d'action, détruisent les germes pathogènes, lorsque ces germes sont disposés sur des carrés de toile secs ou humides, bien exposés à ces vapeurs.

II. Les échantillons à peu près secs sont également tués dans les mêmes conditions.

III. Ces germes sont détruits dans tous les points de la salle dans laquelle les vapeurs sont projetées et dans les salles qui communiquent avec elle, malgré leurs cubages considérables (737 mètres cubes).

IV. Les spores de champignons pathogènes sont détruites au même titre que les microbes, lorsqu'elles sont riches et sous une certaine épaisseur.

Les poussières des salles et les murs sont désinfectés et dans les poussières du dehors, provenant du Laboratoire ou du sol, nous n'avons vu persister que des spores de *Bacillus subtilis* et *Bacillus mesentericus v*, ce qui est de nulle importance au point de vue de la désinfection pratique.

V. Les points nettement en contact avec les vapeurs de formol sont bien désinfectés ; lorsque le contact est difficile, le résultat est plus précaire. Ainsi, sur les deux échantillons placés dans la poche d'un habit dont la patte avait été rabattue, l'un a été tué (staphylocoque), mais l'autre (bacille coli) a résisté et a donné lieu à une culture maigre au cinquième jour. Le staphylocoque placé sous l'amoncellement des draps a résisté de même que le charbon placé au centre d'un matelas non défait ; la laine de ce dernier prise au centre, a donné des cultures de streptocoques. Au contraire, l'échantillon placé dans un matelas simplement replié sur lui-même a été tué.

VI. Les échantillons *humides* ont été tués au même titre que les échantillons secs ou à peu près secs, lorsqu'ils étaient exposés de toute part aux vapeurs de formol ; mis en tubes à essai ouverts à un bout, certains de ces échantillons ont été tués, d'autres ont résisté.

VII. Le bacille de la tuberculose a été tué dans les crachats secs ou dans les crachats triturés dans du sable stérilisé et desséchés ; mais même des crachats humides, récents, étendus sur des carrés de toile en couches de 1 millimètre à 1 millimètre et demi ont été désinfectés.

VIII. On ne peut nous objecter de ne pas avoir suivi assez longtemps nos ensemencements, puisque les milieux ensemencés ont été surveillés pendant près de deux mois.

IX. On ne peut pas objecter davantage l'action infertilisante des traces de formol adhérentes aux échantillons ensemencés, car les échantillons lavés dans l'air de flacons de 200 et 500 grammes stérilisés, et dans de l'eau ammoniacale, avant l'ensemencement, sont demeurés stériles.

X. Ces faits amènent à cette conclusion que, pour que la désinfection soit efficace, il faut que les vapeurs de formol puissent aborder le plus largement possible tous les points de l'objet.

Il s'ensuit donc que, dans une désinfection par les vapeurs de formol, on devra éviter les amoncellements de draps ou d'objets qui se tassent ; on devra étendre le linge et les habits sur des cordes ou sur le sol ; on retournera les poches des habits et l'on éventrera les matelas pour en étendre la laine.

Les vapeurs de formol peuvent désinfecter énergiquement les linges à peu près secs et, à un certain degré, les objets imprégnés d'humidité ou franchement humides, mais sans couche liquide ; le bacille tuberculeux a été détruit non seulement dans des crachats secs, mais encore dans des crachats frais étalés en couches minces.

XI. Je dois ajouter, enfin, que les vapeurs de formol n'ont détérioré aucun des objets de toute nature et de toute couleur placés dans le milieu à désinfecter.

L'opération m'a paru facile, courte, et demandant peu de surveillance.

Dr Bosc,
Agrégé à la Faculté de Montpellier.

CONCLUSIONS GÉNÉRALES

De la considération générale des nombreux travaux et conclusions qui précèdent, nous pouvons tirer les conséquences suivantes :

La formaldéhyde, à l'état de vapeurs, est actuellement le plus puissant agent antiseptique gazeux connu.

Les procédés qui ont été décrits permettent d'obtenir rapidement la désinfection, et cela quelle que soit la grandeur du local, sans aucun danger de détérioration ni d'intoxication.

L'application de ces procédés est réduite à son extrême simplicité, puisque la désinfection est obtenue en faisant fonctionner l'appareil en dehors du local à désinfecter, la communication à l'intérieur ayant lieu par l'orifice d'une serrure, sans aucune dégradation.

En résumé, la difficulté qui consistait à passer des expériences de désinfection de laboratoire à l'application en grand semble résolue par l'emploi des méthodes qui viennent d'être exposées.

Paris. — Typographie A. Hennuyer, rue Darcet, 7.